高职高专“十三五”规划教材

计算机应用基础项目化教程
（Windows 7 + Office 2010）上机指导

主　编　肖卓朋　田　杰　谢厚亮

副主编　曾永和　朱华西　魏红伟

参　编　庹　涛　邓卫红　黄金水

主　审　左　靖

西安电子科技大学出版社

内 容 简 介

本书为《计算机应用基础项目化教程(Windows 7+Office 2010)》(西安电子科技大学出版社2020年5月出版)一书的上机指导书。

本书在编写时注重原理与实践紧密结合，具有实用性和可操作性。书中的每个实训任务都以新修订的软考“信息处理技术员”级别和全国计算机等级考试一级考试大纲为依据，将相关知识和岗位技能要求融入到上机指导中。全书由七个实训项目组成，包括计算机与信息、因特网基础与应用、Windows 7操作系统、Word 2010、Excel 2010、PowerPoint 2010和常用工具软件，每个项目下设置若干任务，使学生在任务驱动下更好地学习和掌握计算机基础操作。

本书既可作为高等学校及其他各类计算机培训班的教学用书，也可作为软考“信息处理技术员”级别和一级“计算机基础及MS Office应用”的考试用书以及计算机从业人员和计算机爱好者的自学参考书。

图书在版编目(CIP)数据

计算机应用基础项目化教程(Windows 7 + Office 2010)上机指导 / 肖卓朋，田杰，谢厚亮主编. —西安：西安电子科技大学出版社，2020.8(2022.3 重印)
ISBN 978-7-5606-5495-9

Ⅰ. ①计… Ⅱ. ①肖… ②田… ③谢… Ⅲ. ①Windows操作系统—教材 ②办公自动化—应用软件—教材 Ⅳ. ①TP316.7 ②TP317.1

中国版本图书馆CIP数据核字(2019)第228088号

策划编辑 杨丕勇
责任编辑 桑惠玲 杨丕勇
出版发行 西安电子科技大学出版社(西安市太白南路2号)
电　　话 (029)88202421 88201467 邮　　编 710071
网　　址 www.xduph.com 电子邮箱 xdupfxb001@163.com
经　　销 新华书店
印刷单位 广东虎彩云印刷有限公司
版　　次 2020年8月第1版 2022年3月第5次印刷
开　　本 787毫米×1092毫米 1/16 印　张 7
字　　数 161千字
定　　价 20.00元
ISBN 978-7-5606-5495-9 / TP
XDUP 5797001-5

前　　言

随着计算机科学和信息技术的飞速发展以及计算机教育的普及，计算机应用基础课程已发展成为职业院校各专业学生必修的基础课，学好计算机基础应用也是信息社会对当代大学生的基本要求。实践证明，在掌握必要理论的基础上，上机实践操作才是提高应用能力的关键，只有通过上机实践，才能深入理解和牢固掌握所学的理论知识。为了配合计算机应用基础的教学以及全国计算机技术与软件专业技术资格考试（简称软考）“信息处理技术员”级别和全国计算机等级考试一级考试（计算机基础及 MS Office 应用）的需要，我们编写了这本专门用于强化学生实践动手能力的上机指导教材，与相应的理论教材配套使用。

参加本书编写的作者均为多年从事一线教学的教师并且具有较为丰富的教学经验。本书在编写时注重原理与实践紧密结合，注重实用性和可操作性。书中的每个实训任务都以新修订的软考“信息处理技术员”级别和全国计算机等级考试一级考试大纲为依据，将相关知识和岗位技能要求融入到上机指导中。

由于时间仓促，加上编者水平有限，书中难免存在不足之处，恳请广大读者提出宝贵意见，以便修订时更正。

编　者

2020 年 2 月

目　　录

实训项目一　计算机与信息

实训任务 1　英文指法训练

【实训目的】

(1) 熟悉基本指法和键位；
(2) 熟悉打字的基本要领；
(3) 掌握打字的正确姿势；
(4) 利用金山打字通软件进行练习。

【实训内容】

1. 打开软件

登录 Windows 操作系统，打开“写字板”或“记事本”，如图 1-1 所示。

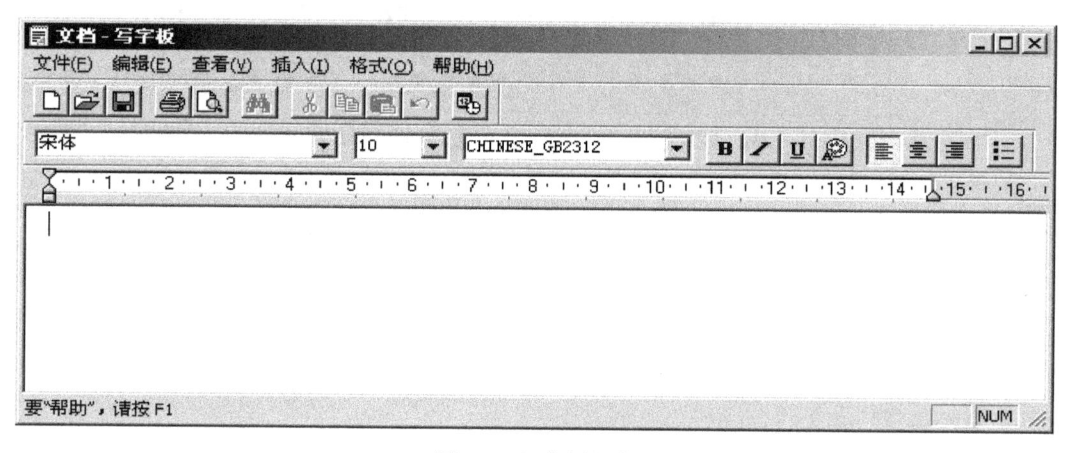

图 1-1　写字板程序

2. 指法与键位

准备打字时，除拇指外其余的八个手指分别放在基本键上，拇指放在空格键上，十指分工，包键到指，如图 1-2 所示。

图 1-2　手指姿势图

每个手指除了指定的基本键外，还分工有其他键，称为各手指的范围键。各键与手指的分工如图 1-3 所示。

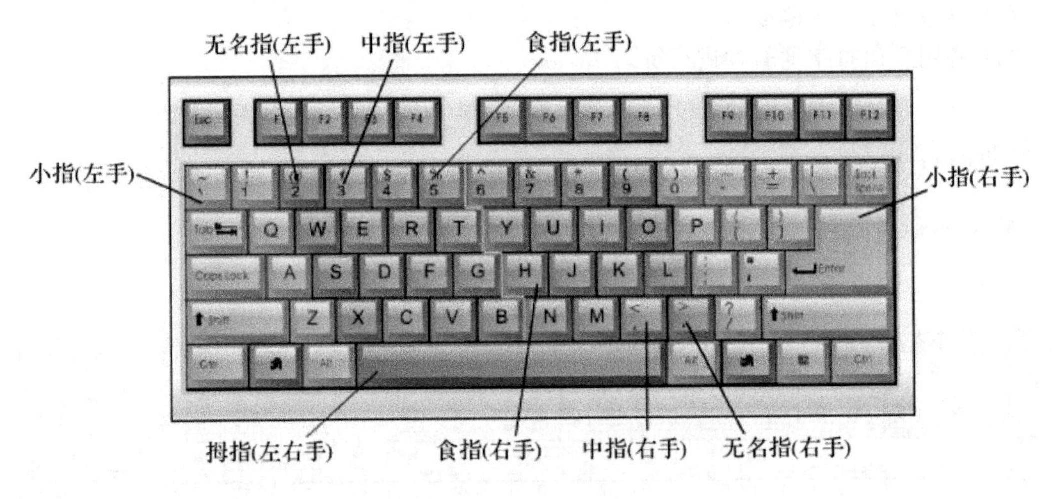

图 1-3　手指分工图

3. 基本要领

掌握指法练习技巧：手指放在基本键上；击完键后迅速返回原位；食指击键注意键位角度；小指击键力量保持均匀；数字键采用跳跃式击键。

1) 微机键盘的基本使用

整个键盘分为五个小区：上面一行是功能键区和状态指示区；下面的五行分别是主键盘区、编辑键区和辅助键区，如图 1-4 所示。

对打字来说，最主要的是熟悉主键盘区各个键的用处。主键盘区除了包括 26 个英文字母、10 个阿拉伯数字以及一些特殊符号外，还附加一些辅助操作键、编辑键，分别如表 1-1 和表 1-2 所示。

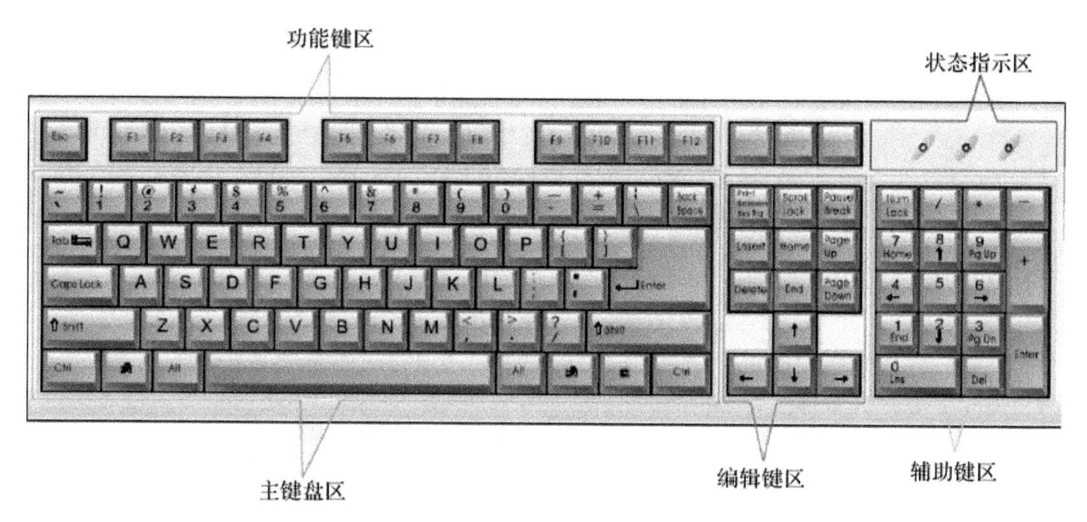

图 1-4　键盘分区图

表 1-1　辅助操作键

辅助操作键	功　　能
Ctrl 键	控制键不能单独使用，必须和其他键配合使用 例： Ctrl + Esc 表示打开“开始”菜单(按 Windows 徽标)；Ctrl + Alt + Del 表示热启动；Ctrl + A 表示全选；Ctrl + C 表示复制；Ctrl + V 表示粘贴
Shift 键	(1) 上挡键：按下此键的同时再按下有两挡的键，所获得的字符为上挡字符。 (2) 改变字母的大小写：按下此键的同时再按下字母键，则临时改变大小写状态。若原是大写状态，按下 Shift 键则输入的是小写字母；若原是小写状态，按下 Shift 键则输入的是大写字母
Alt 键	组合键不能单独使用，必须和其他键配合使用 Alt + F4 表示关闭当前打开的窗口；Alt + Tab 表示切换窗口
CapsLock 键	大写字母锁定键。按下此键，字母锁定为大写(同时 CapsLock 指示灯亮)，以后输入的字母为大写；再按下此键，字母锁定为小写(同时 CapsLock 指示灯灭)，以后输入的字母为小写
Tab 键	制表键。按此键光标向右移若干个字符位或移到表格下一栏
Space 键	空格键。按此键输入一个空格
Backspace 键	退格键。按下此键可删除光标前的一个字符，同时光标左移一个字符位的位置
Enter 键	回车键。此键表示结束命令行的输入或结束逻辑行，光标回到行首

表 1-2　编 辑 键 区

编辑键	功　能
Insert 键	插入键。实现输入时的“插入”与“改写”状态间的转换。如当前编辑状态是“插入”状态，则按下此键录入的字符会插在光标所在字符的前面；如当前编辑状态是“改写”状态，则按下此键录入的字符会覆盖光标所在字符
Delete 键	删除键。按此键删除光标后的字符
Home 键	按此键使光标回到本行行首
End 键	按此键使光标回到本行行尾
Page Up 键	向前翻屏键，使光标移到屏幕显示内容的前一屏
Page Down 键	向后翻屏键，使光标移到屏幕显示内容的下一屏
←、→、↑、↓键	分别称为左、右、上、下光标键。按下它们可使光标分别向左、右、上、下移动一个字符或一行

2) 数据录入的基本方法

为了在计算机上熟练、快速地录入各种数据，必须掌握正确的键盘操作指法。键盘操作指法将键盘上字符键区的各个键位合理地分配给各手指，使每个手指分工明确。

(1) 基准键位。了解基准键位是正确使用键盘的关键所在，基准键位是确定其他键位置的标准，它们位于主键盘区，分别是“A”“S”“D”“F”“J”“K”“L”“；”八个键。其中 F 和 J 上面有凸出的小横线，便于利用手指触摸定位。除两个拇指外的八个手指总是对准这八个基本键位。每个手指都有它的管辖范围，击打后立即回到基本键位，逐渐练出节奏感。左右拇指负责击打空格键，左手击键时，由右手拇指击打空格键，右手击键时，由左手拇指击打空格键。

(2) 键盘操作的姿势。打字之前一定要端正坐姿，如图 1-5 所示。如果坐姿不正确，不但会影响打字的速度，而且还容易疲劳、出错。

图 1-5　键盘操作的姿势图

正确的坐姿应该是：

① 两脚平放，腰部挺直，两臂自然下垂，两肘贴于腋边。

② 身体可略倾斜，离键盘的距离约为 20～30 厘米。

③ 打字教材或文稿放在键盘左边，或用专用夹夹在显示器旁边。

④ 打字时眼观文稿，身体不要跟着倾斜。其中左、右手食指分别放在 F 和 J 上，双手大拇指放在空格键上。

操作时两眼应看稿件(称盲打)，而手指则按操作指法敲击相应的键位。长期训练可养成良好的操作习惯，从而达到击键频率快、准确率高的效果。

数字小键盘的基本指法：在键盘的右侧是数字键盘(也叫做小键盘)。其专门用来输入大量的数字，财务、统计工作人员经常和数字打交道，小键盘是不错的工具。使用小键盘时，只用右手操作即可。数字键的基准键位是“4”“5”“6”三个键，分别对应右手的食指、中指和无名指。“5”键上一般有个小凸点，手放在上面会感觉到。其中，右手食指负责“7”“4”“1”“Num Lock”四个键，右手中指负责“8”“5”“2”“/”四个键，右手无名指负责“9”“6”“3”“*”和“.”五个键，右手小指负责“-”“+”“Enter”三个键，还有一个键是“0”，由大拇指负责。其实，用得最多的是 0～9 这十个数字和一个小数点，其他六个键使用频率相对较低。“金山打字软件”中有专门数字键盘练习。

4. 打字练习的方法

初学打字时，掌握适当的练习方法，对于提高自己的打字速度，成为一名打字高手是必要的。

(1) 一定把手指按照分工放在正确的键位上。

(2) 有意识地慢慢记忆键盘各个字符的位置，体会手指在不同键位上的感觉，逐步养成不看键盘的输入习惯。

(3) 进行打字练习时必须集中注意力，做到手、脑、眼协调一致，尽量避免边看原稿边看键盘，这样容易分散记忆力。

(4) 初级阶段的练习即使速度慢，也一定要保证输入的准确性。

总之：正确的指法 + 键盘记忆 + 集中精力 + 准确输入 = 打字高手。

5. 金山打字通的使用

金山打字通(见图 1-6)提供英文、拼音、五笔、数字符号等多种输入练习，并可针对用户水平订制个性化的练习课程，循序渐进，逐步提高。感兴趣的读者可自行下载使用。

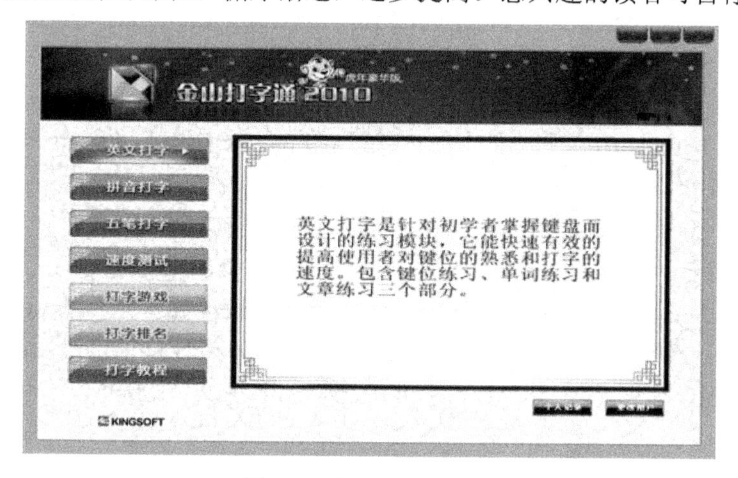

图 1-6　金山打字通软件

6. 参考练习内容

Happiness is a journey, not a destination

For a long time it seemed to me that life was about to begin, real life. But, there was always some obsacle in the way, something to be gotten through first, some unfinished business, time still to be served or a debt to be paid. Then life would begin.

At last it dawned on me that there is no way to happiness. Happiness is the way. So treasure every moment that you have and treasure it more because you share it with someone special, someone special enough to spend your time with. Make the most of your time. Don't waste too much of your time studying, working, or stressing about something that seems important. Do what you want to do to be happy，but also do what you can to make the people you care about happy. Remember that time waits for no one. So stop waiting until you take your last test, until you finnish school, until you go back to school, until you have the perfect body, the perfect car, or whatever other perfect thing you desire. Stop waiting until the weekend, when you can party or let loose, until summer, spring, fall or winter, until you find the right person and get married, until you die, until your born again, to decide that there is no better time than right now to be happy.

Happiness is a journey, not a destination.
So work like you don't need the money,
Love like you have never been hurt,
And dance like no one's watching.

The nature of happiness

I live in Hollywood. You may think people in such a glamorous, fun-filled place are happier than others. If so, you have some mistaken ideas about the nature of happiness.

Many intelligent people still equate happiness with fun. The truth is that fun and happiness have little or nothing in common. Fun is what we experience during an act. Happiness is what we experience after an act. It is a deeper, more abiding emotion.

Going to an amusement park or ball game, watching a movie or television, are fun activities that help us relax, temporarily forget our problems and maybe even laugh. But they do not bring happiness, because their positive effects end when the fun ends.

I have often thought that if Hollywood stars have a role to play, it is to teach us that happiness has nothing to do with fun. These rich, beautiful individuals have constant access to glamorousparties, fancy cars, expensive homes, everything that spells "happiness".

But in memoir after memoir, celebrities reveal the unhappiness hidden beneath all their fun: depression, alcoholism, drug addiction, broken marriages, troubled children, profound loneliness.

The way people cling to the belief that a fun-filled, pain-free life equates happiness actually diminishes their chances of ever attaining real happiness. If fun and pleasure are equated with happiness, then pain must be equated with unhappiness. But, in fact, the opposite is true: More times than not, things that lead to happiness involve some pain.

实训任务 2　汉字输入训练

【实训目的】

(1) 掌握全拼输入法；
(2) 掌握智能 ABC 输入法；
(3) 熟悉五笔字型输入法。

【实训内容】

1. 打开软件

登录 Windows 操作系统，打开“写字板”或“记事本”。

2. 输入法切换

(1) 单击开始菜单→设置→控制面板→输入法。

(2) 输入法的切换：<Ctrl>+<Shift>键，通过它可在已安装的输入法之间进行切换。

(3) 打开/关闭输入法：<Ctrl>+<Space>键，通过它可以实现英文输入和中文输入法的切换。

(4) 全角/半角切换：<Shift>+<Space>键，可以进行全角和半角的切换。

3. 参考练习内容

经过一场暴雨的洗礼，天终于放晴了，微微眯着双眼立于春阳之下，竟感觉全身的毛孔都在舒张，每一根汗毛都在跳跃，连呼吸都带着一丝丝香甜。就这样由口腔、鼻孔直入身体的每一个器官，一切都是别样的舒心。鸟儿立于树梢欢快地歌唱，让此时的我也有了一种学鸟鸣的冲动，仿佛只有这样才能让阳光听懂我此时的愉悦。深呼一口气，微风带来了青草、泥土与阳光混合的香味，那香竟比香奈儿 5 号更具魔力，让此时的身与心真正融合了。

春季的阳光诗句让树林、房屋……都找到了灵魂伴侣——影子，让周围的一切都喧闹、繁华起来。用手轻蒙双眼，将手指微微张开从指缝泻下一丝丝光线，淡黄淡黄的，并不耀眼，突然脑海中冒出一个想法，这阳光到底是什么味道呢？是糖一般的甜，抑或海一般的咸？便神差鬼使般地伸出舌头，轻轻一卷、一缩，带给味蕾一种奇特的味道，可结果并不是想象般的美，没有甜，也不咸，只有一丝凉意。突然有一股淡淡的清香浸入味蕾，那光竟是有香味的，使我不由自主地咧开了嘴。

此时穿着厚重衣服的我，多想摸摸阳光的温暖。伸出双手，拥抱阳光，“呼”感觉到了，是温的、是暖的，好似一杯刚泡好的苦茶升起的袅袅气氲，抚摸了外露的每一寸肌肤。可想而知在经了大半个月的阴雨天的我，是有多喜爱温暖的阳光，此时的一切是多么的惬意。又若听到了阳光在耳旁的温言细语，每一粒都在吟唱神曲，催醒万物，于是周围的一切景致在阳光的反映下射出各色光彩，迷花了眼，此时的一切都亮起来了，平日里呈灰白的教学楼此刻也呈现出一片雪白，而不起眼的野花子在光的反射下也夺目起来，花儿、草儿，把春天的角角落落都给重新“粉刷”了一遍，使得春天的美丽天衣无缝了。红的、黄的、白的、紫的、蓝的……各种各样的鲜花争奇斗艳，是春天的一大景观。暴雨后留下的积水在操场上如一面面镜子，倒映着天空。

春天的阳光让人舒服，使人温暖，能让人顿生一种亲切。正所谓“日暖风清”也许就是说春天这暖洋洋的天气和清爽心怡的春风吧！

有了这些条件，植物就可毫不拘束地放任生长了。树芽儿用力地向上钻，探出一个个小脑袋享受这春天的阳光和微风。一切都是惬意的，此时你只需戴上耳麦，迷上双眼，聆听风吟。

我在朝阳下的校园里随手拾起一片叶子，我想那是年轻的味道。朗朗的读书声是一首悦耳的歌谣，在我的思绪里荡漾，荡漾。

闭上双眼感触风的飘摇，温柔的触感让我静谧其中，可睁开眼，我的眼里还是一片昏黄。道路两旁的街灯拉长了你我的身影，重叠了又分离，拉长了又缩短，我知道这又将是一个寂静的夜啊！一支笔便能在纸上轻松地写下我的一生，而我的一生却需要用我的步伐艰难蹒跚的前行。我努力把自己想象成天山上的那一捧雪，晶莹、纯洁、一丝不染，可我努力地逃啊、跑啊，却还留在尘世这个我倦了的圈子。连飞鸟都在享受着清凉，而我却在这水深火热的世界里融化了，没留下一丝气息，没带走一粒尘土。我不知是因为时间不容，还是心情倦慵，只能听凭它乘兴而来，无聊而去。这思想无边微妙，无限神奇，让我在心中膜拜。

咖啡的暖气打湿了我的睫毛，皎洁的月光照亮了我的笔尖，岁月的尘拂散落在我的发梢，就在这个喧嚣的年代里，我坐在窗前，仰望天空。我深信，每一颗星星都有一个古老的故事，那些故事都分布在时间的年轮里，转啊转，刻进了无数人的心里。我仿佛看到了我梦里的那片草原，孕育了我的梦想与希望，一天比一天生机盎然。我靠在窗前，努力回想，昨日的我怎样用尽力气奔跑，跑到了现在的起点，迎着梦想起飞的地方，我正在努力的生活，一天比一天的努力成长。我喜欢市井的烟火，这凡俗的热闹，如同半夜里忽然听到寂静里传来远远的更声，遥远、亲切、贴心贴肺。孤寂的时候有孤寂的美，热闹的时候有热闹的美。每天、每刻、甚至每秒钟，我都在不停地思考。随着我们的成长，思考的程度也在逐年加深；随着年龄的增长，渐渐地，我们会发现，自己早已不甘于服从！

我不是一位文雅的诗人，我不能让我的生活里倍显诗意，我只能在这条泥泞的道路上深深浅浅地走完我人生的旅程。我不是一个悲观者，却又常常把自己想象成一个悲观者。看到天空漂浮的白云也会把它想成迷途的孩子，看到蒲公英随风飘散也会把它想成在逃离生活的繁琐。可是，我又能怎样想象自己呢？流浪者、迷失者、抑或一个守望者。

是的，我不是一个悲观者，我正在努力生活。

实训任务3　综 合 练 习

【实训目的】

(1) 掌握计算机硬件组成；
(2) 掌握计算机的接口连接。

【实训内容】

(1) 图1-7所示为主板实物图，试写出下面每个数字正确的电脑部件名称。

图1-7　主板实物图

(2) 图1-8所示是各种计算机设备的实物图，试分别选择输入设备和输出设备并写出名字。

图1-8　计算机设备图

(3) 图 1-9 所示是一主板侧面接口结构实物照片，试写出下面每个数字正确的电脑部件名称。

图 1-9　主板接口图

实训项目二　因特网基础与应用

实训任务 1　ADSL 宽带网络组建

【实训目的】

(1) 掌握 ADSL 宽带网络组建的基本方法；
(2) 掌握多台电脑及智能手机共享上网的方法。

【实训内容】

根据要求规划 ADSL 宽带网络的组建方式，学习并理解所给出的宽带网络连接图。

(1) 假设在电信公司申请了一个 ADSL 宽带连接账号，准备使用拨号的方式从家里现有的电话线盒接入 Internet，该如何规划并组建家庭网络，在通过 ADSL Modem 拨号上网的同时，仍能继续使用家里的电话呢？

① 由于使用 ADSL 拨号方式接入 Internet，所以应当准备一台 ADSL Modem 作为拨号连接的设备。

② 由于需要在 ADSL 上网的同时，继续使用家里的固定电话，所以应当使用分离器将电话线路一分为二，其中一条用于 ADSL 宽带上网，另一条则用于固定电话。

③ 准备若干网线，具体设备连接如图 2-1 所示。

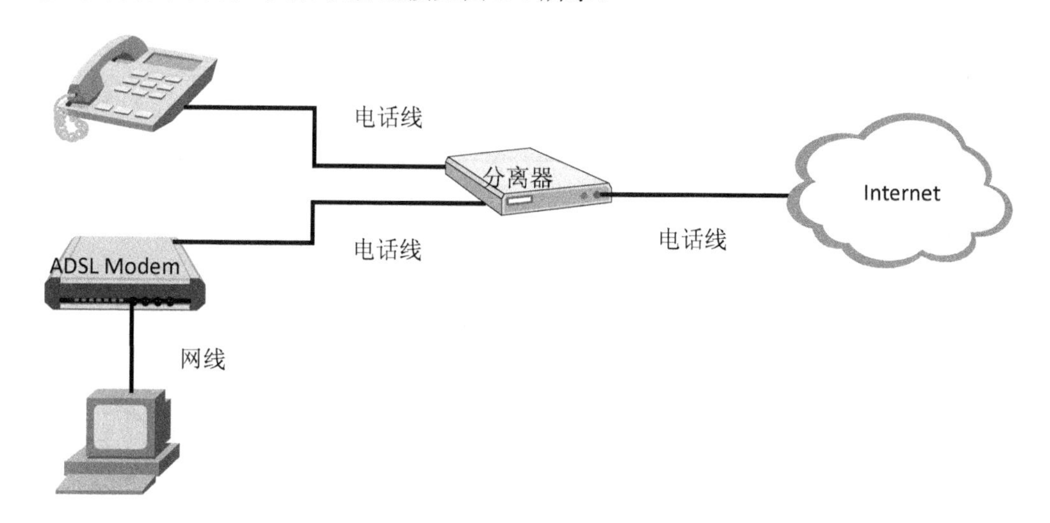

图 2-1　单台电脑使用 ADSL 宽带上网图

(2) 假设新购置了一台笔记本，由于家里的 ADSL Modem 带有路由功能，现在想让新笔记本与之前的台式电脑同时使用在电信公司申请的 ADSL 宽带连接账号拨号上网，该如何规划并组建家庭网络呢？

① 由于所拥有的 ADSL Modem 具备路由功能，因此无需购置额外的路由器设备，只需添加一台交换机即可实现多台设备共享上网。

② 准备若干网线，具体设备连接如图 2-2 所示。

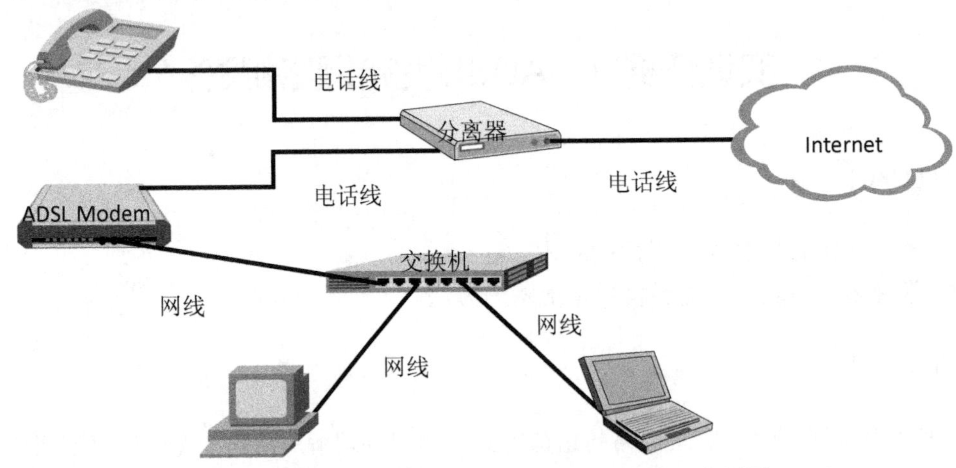

图 2-2　多台电脑使用带路由功能 ADSL Modem 上网图

(3) 假设家里的 ADSL Modem 没有路由功能，现在想让新添置的笔记本与之前的台式电脑甚至智能手机同时使用在电信公司申请的 ADSL 宽带连接账号拨号上网，该如何规划并组建家庭网络呢？

① 由于所拥有的 ADSL Modem 不具备路由功能，且智能手机也需要通过 ADSL 上网，因此需要购置额外的无线路由器设备。如果路由器的 LAN 接口不够所需上网的电脑使用，只需添加一台交换机即可实现多台设备共享上网。

② 准备若干网线，具体设备连接如图 2-3 所示。

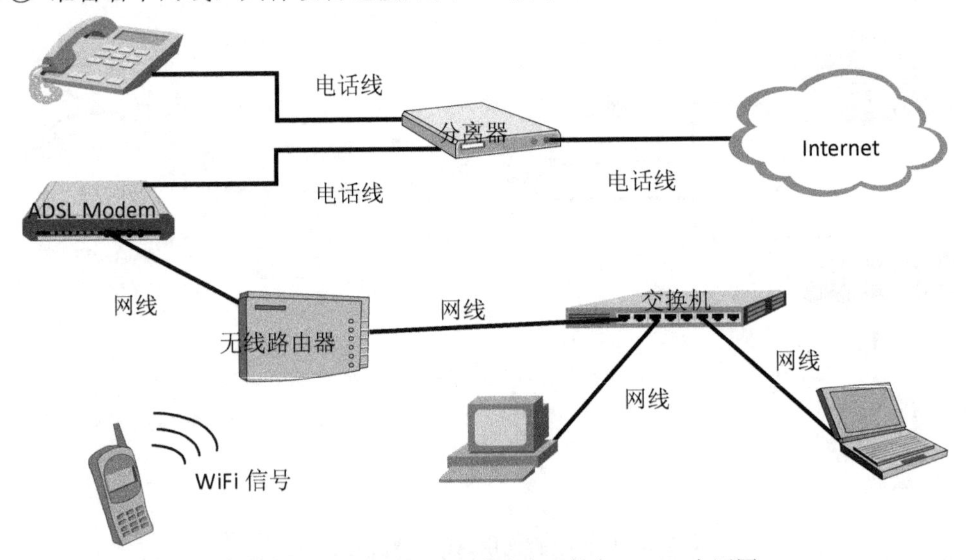

图 2-3　多台电脑使用无线路由器共享 ADSL 上网图

实训任务 2　IP 地址的设置

【实训目的】

(1) 掌握 IP 地址的查看方法；
(2) 掌握 IP 地址的设置方法。

【实训内容】

查看并设置实训室机房计算机的 IP 地址信息。

1. 查看自己所用计算机的 IP 地址

(1) 在【桌面】上找到【网络】图标，右键点击该图标，选择【属性】命令。

(2) 在【网络和共享中心】窗口中点击【更改适配器设置】链接。

(3) 在【网络连接】窗口中找到【本地连接】的图标，右键点击该图标，选择【状态】命令。

(4) 在【本地连接 状态】窗口中点击【详细信息】按钮，即可查看到本机的 IP 地址信息，如图 2-4 所示。

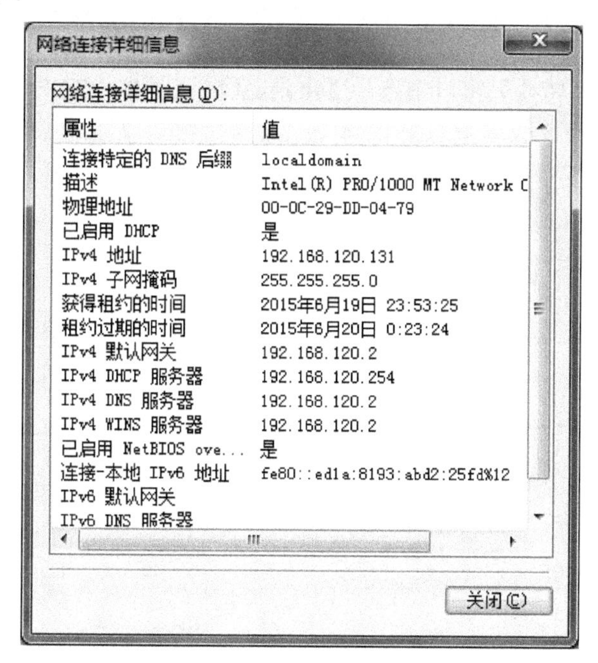

图 2-4　网络连接详细信息对话框

2. 设置自己所用计算机的 IP 地址

(1) 在【桌面】上找到【网络】图标，右键点击该图标，选择【属性】命令。

(2) 在【网络和共享中心】窗口中点击【更改适配器设置】链接。

(3) 在【网络连接】窗口中找到【本地连接】的图标，右键点击该图标，选择【属性】命令，打开【本地连接 属性】对话框，如图 2-5 所示。

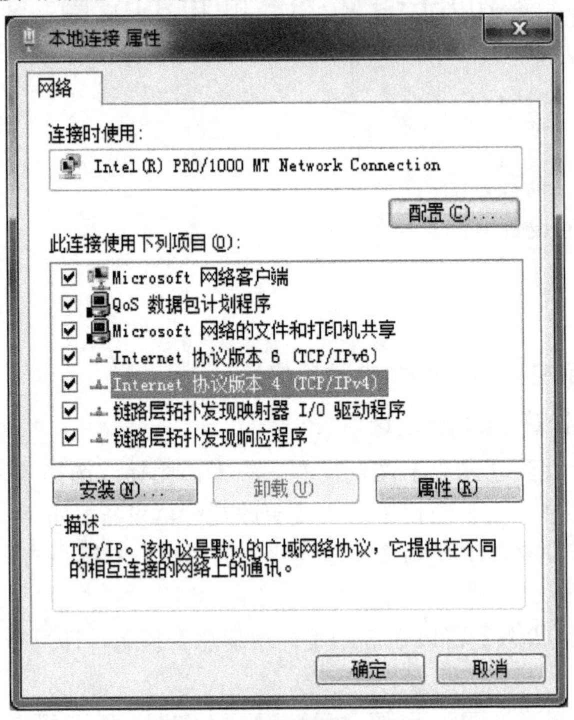

图 2-5　本地连接属性对话框

(4) 在【本地连接 属性】窗口中选中【Internet 协议版本 4(TCP/IPv4)】，点击【属性】按钮，打开【Internet 协议版本 4(TCP/IPv4)属性】对话框，如图 2-6 所示。

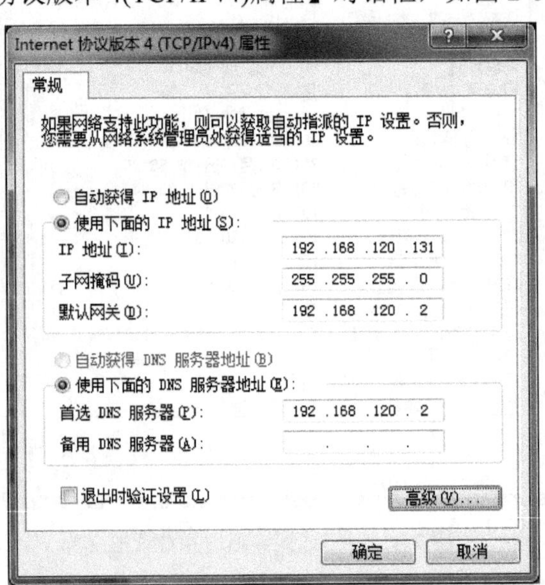

图 2-6　Internet 协议版本 4 属性对话框

(5) 在【Internet 协议版本 4(TCP/IPv4)属性】对话框中选中【使用下面的 IP 地址】单选按钮，并根据具体网络情况(可咨询老师)完成 IP 地址及子网掩码等信息的设置。

实训任务 3　Windows 防火墙的设置

【实训目的】

(1) 掌握 Windows 防火墙的启用方法；

(2) 掌握 Windows 防火墙的简单设置。

【实训内容】

开启本机的 Windows 防火墙，并设置 IE 浏览器不能连接网络。

1. 启用本机的 Windows 防火墙

(1) 点击【开始】按钮，在弹出的窗口中点击【控制面板】。

(2) 在【所有控制面板项】窗口中选择查看方式为【大图标】，然后点击【Windows 防火墙】。

(3) 在【Windows 防火墙】窗口中点击【打开或关闭 Windows 防火墙】链接，打开【自定义设置】窗口，如图 2-7 所示。

(4) 在【自定义设置】窗口中分别启用“家庭或工作(专用)网络位置设置”及“公用网络位置设置”的 Windows 防火墙，并点击【确定】。

2. 设置 IE 浏览器不能连接网络

(1) 再次回到【Windows 防火墙】窗口，点击【高级设置】链接，打开【高级安全 Windows 防火墙】窗口。

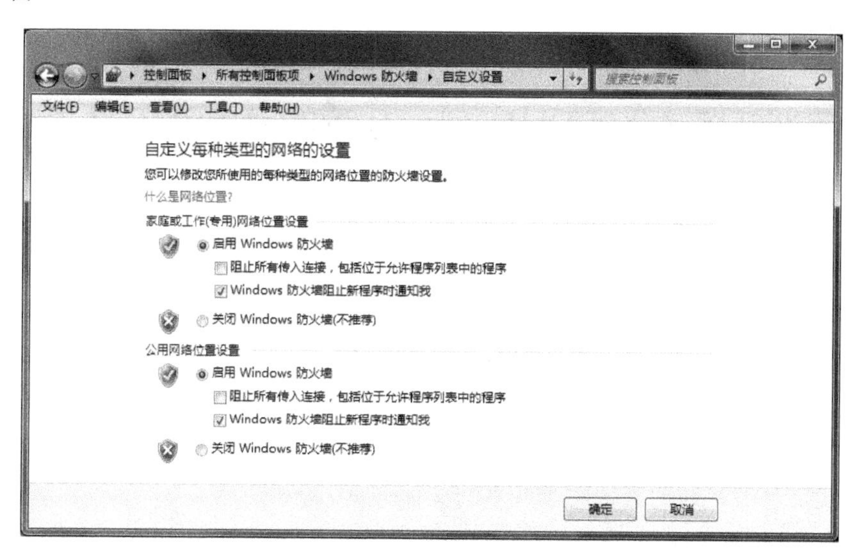

图 2-7　Windows 防火墙设置对话框

(2) 选择【出站规则】，然后点击【操作】→【新建规则】菜单，打开【新建出站规则向导】对话框，如图 2-8 所示。

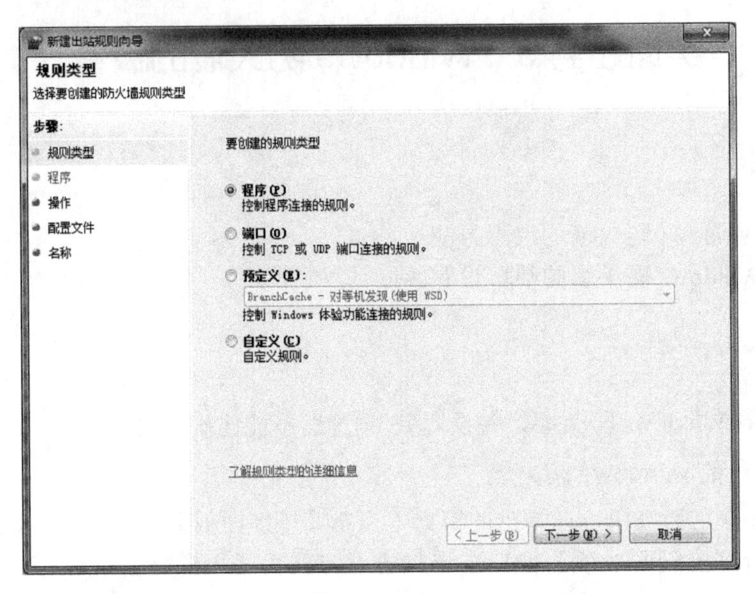

图 2-8　新建出站规则向导对话框

(3) 在【规则类型】中选择【程序】，并点击【下一步】。

(4) 在第二步【程序】中选择【此程序路径】，并浏览选择 IE 浏览器的程序路径，如：“%ProgramFiles% (x86)\Internet Explorer\iexplore.exe”，然后点击【下一步】。

(5) 在第三步【操作】中选择【阻止连接】，并点击【下一步】。

(6) 在第四步【配置文件】中将【专用】与【公用】两项勾选，以便计算机在连接到专用及公用网络位置时应用该条防火墙规则，然后点击【下一步】。

(7) 最后，在【名称】中为该条防火墙规则取名“IE”，并点击【完成】，从而完成 Windows 防火墙规则的设定。

实训任务 4　实现 Windows 下的网络资源共享

【实训目的】

(1) 掌握 Windows 下文件夹共享的方法；

(2) 掌握 Windows 下访问网络共享文件夹的方法。

【实训内容】

共享本机文件夹，访问其他同学共享的文件夹。

1. 开启本机的“文件和打印机共享”功能

(1) 点击【开始】按钮，在弹出的窗口中点击【控制面板】。

(2) 在【所有控制面板项】窗口中选择查看方式为【大图标】，然后点击【网络和共享中心】。

(3) 在【网络和共享中心】窗口中点击【更改高级共享设置】链接，打开【高级共享设置】窗口，如图 2-9 所示。

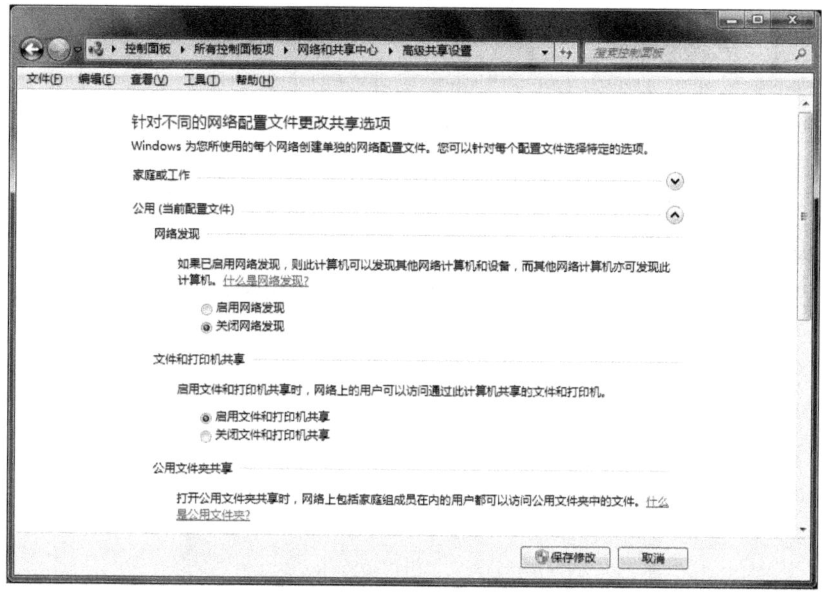

图 2-9　高级共享设置窗口

(4) 在【公用(当前配置文件)】中选择【启用文件和打印机共享】，并点击【保存修改】。

2. 修改本地安全策略

(1) 点击【开始】按钮，在弹出的窗口中点击【控制面板】。

(2) 在【所有控制面板项】窗口中选择查看方式为【大图标】，然后点击【管理工具】。

(3) 在【管理工具】窗口中双击打开【本地安全策略】窗口，如图 2-10 所示。

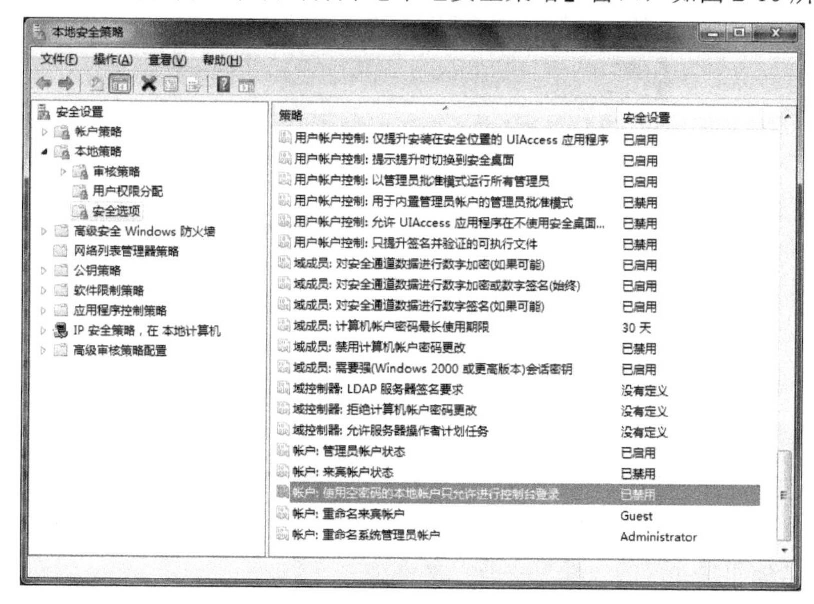

图 2-10　本地安全策略窗口

(4) 在【本地安全策略】窗口中找到【本地策略】→【安全选项】中的【账户：使用空密码的本地账户只允许进行控制台登录】，并双击打开，然后选择【已禁用】。

3. 将本机“学习资料”文件夹共享到网络

(1) 在C盘创建一个文件夹，并命名为“学习资料”，将需要与同学共享的学习资料复制到该文件夹中。

(2) 右键单击“学习资料”文件夹，执行快捷菜单中的【属性】命令，打开【学习资料 属性】对话框。

(3) 在【共享】选项区中单击【高级共享】，打开【高级共享】对话框。

(4) 在【高级共享】对话框中单击【共享此文件夹】复选框，如图2-11所示。

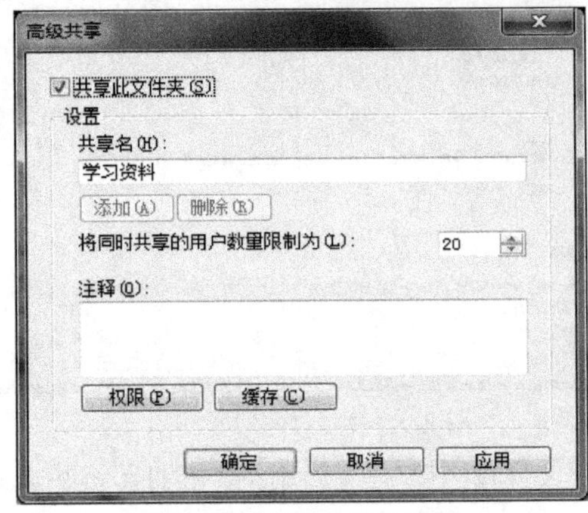

图2-11　高级共享对话框

(5) 若需要允许网络用户通过网络修改这个文件夹中的内容，则可单击【权限】按钮，在打开的【学习资料的权限】对话框中点击【完全控制】一行的【允许】复选框，并点击【确定】，完成共享文件夹的设置，如图2-12所示。

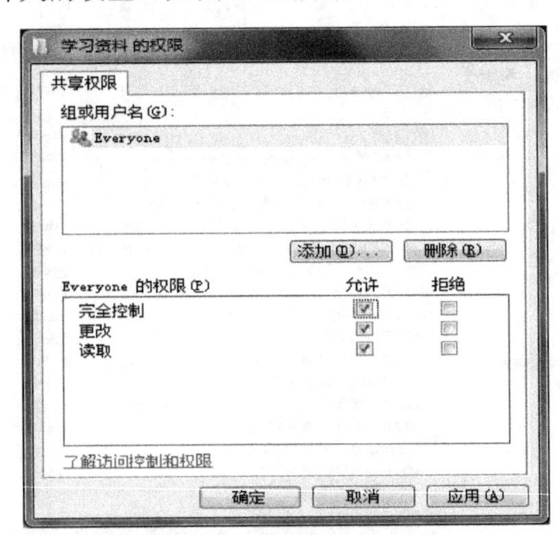

图2-12　学习资料的权限对话框

4. 访问其他同学共享的“学习资料”文件夹

(1) 单击【开始】菜单，选择【运行】命令。

(2) 在【运行】对话框中输入“\\其他同学的 IP 地址”，如图 2-13 所示。

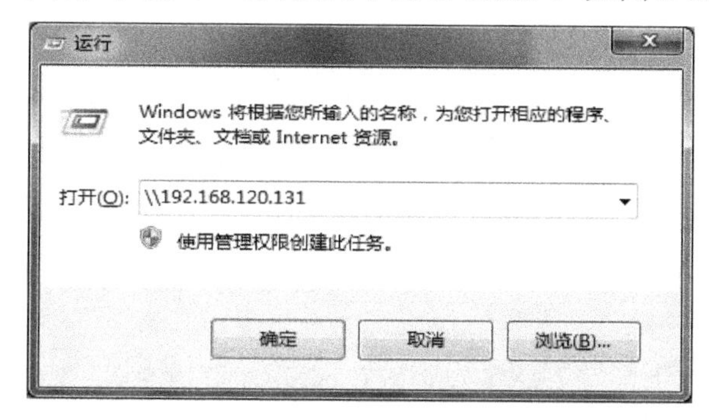

图 2-13　运行对话框

(3) 点击【确定】按钮，查看该同学计算机所共享的资源，如图 2-14 所示。

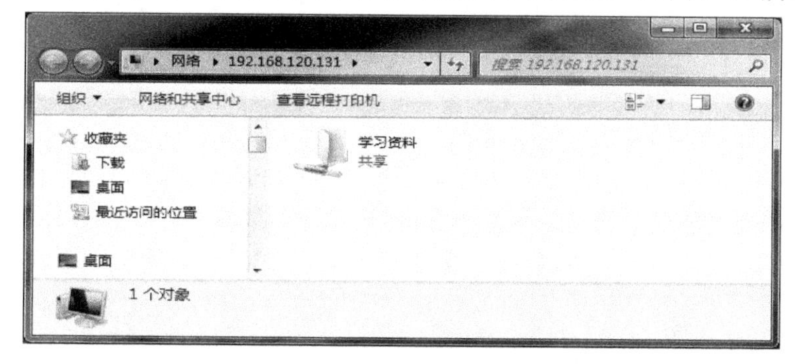

图 2-14　查看共享资源窗口

(4) 双击需要访问的共享文件夹图标，即可对该文件夹中的共享资源进行访问。

实训任务 5　IE 浏览器的使用

【实训目的】

(1) 掌握 IE 浏览器的基本应用；

(2) 掌握搜索引擎的使用。

【实训内容】

使用 IE 浏览器浏览网页、收藏网页、保存网页等，并对 IE 浏览器进行一些个性化的设置。

1. 使用 IE 浏览器浏览“凤凰网”的内容

(1) 打开 IE 浏览器。

(2) 在 IE 浏览器的地址栏中输入网址“www.ifeng.com”，并按回车键。

(3) 浏览所打开网站的内容。

2. 收藏“凤凰网”网站到收藏夹

(1) 点击 IE 浏览器的【收藏夹】菜单，选择【添加到收藏夹】命令。

(2) 在图 2-15 所示的对话框中输入所收藏网站的名称，并点击【确定】按钮。

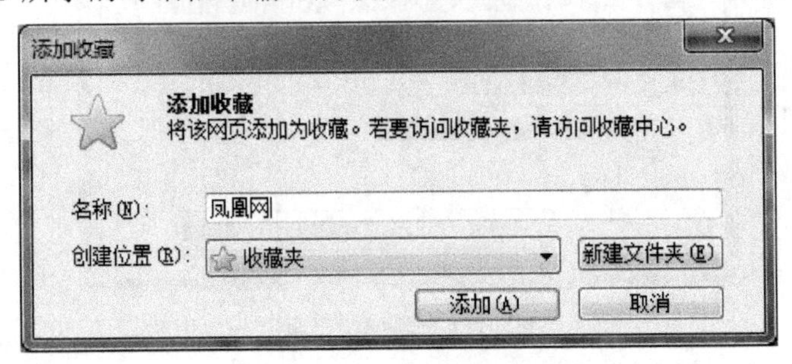

图 2-15　添加到收藏夹对话框

(3) 再次点击 IE 浏览器的【收藏夹】菜单，查看收藏项，并通过收藏夹访问“凤凰网”。

3. 设置 IE 浏览器主页

(1) 打开 IE 浏览器，并在地址栏中输入网址“www.baidu.com”，访问百度网站。

(2) 执行 IE 浏览器菜单的【工具】→【Internet 选项】命令。

(3) 在图 2-16 所示的对话框中点击【使用当前页】并点击【确定】，将百度设置为主页。

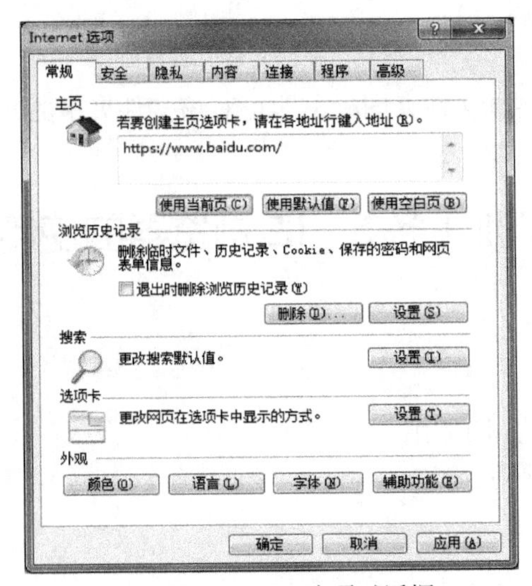

图 2-16　Internet 选项对话框

4. 保存网页中的图片

(1) 打开 IE 浏览器，并在地址栏中输入网址“www.baidu.com”，访问百度网站。

(2) 用鼠标右键点击网站中的百度 logo 图片，选择【图片另存为】命令，在随后出现的【保存图片】对话框中，以“Baidu”为文件名将图片保存至“电脑桌面”。

5. 保存网页内容

(1) 打开 IE 浏览器，并在地址栏中输入网址“www.pku.edu.cn”，访问北京大学网站。

(2) 执行 IE 浏览器菜单的【文件】→【另存为】命令。

(3) 在图 2-17 所示的对话框中输入保存网页的文件名“北京大学”，保存类型选择“网页，全部(*.htm;*.html)”，选择保存在“桌面”，并点击【保存】按钮，完成北京大学网站首页的保存。

图 2-17　保存网页对话框

6. 搜索历史访问记录

(1) 打开 IE 浏览器，执行菜单的【查看】→【浏览器栏】→【历史记录】命令。

(2) 在打开的【历史记录】任务器栏中选择【搜索历史记录】，输入关键字“北京大学”。

(3) 点击【立即搜索】命令，实现对“北京大学”历史访问记录的搜索。

7. 设置 IE 浏览器属性

(1) 打开 IE 浏览器，执行菜单的【工具】→【Internet 选项】命令，在【常规】选项卡中点击【浏览历史记录】下的【设置】按钮，并在打开的【Internet 临时文件和历史记录设置】对话框中设置网页在历史记录中保存 2 天，点击【确定】保存设置，如图 2-18 所示。

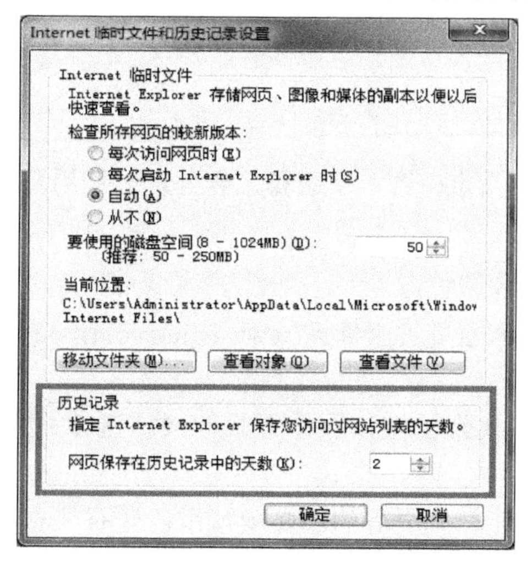

图 2-18　历史记录保存天数设置

(2) 打开 IE 浏览器，执行菜单的【工具】→【Internet 选项】命令，在【内容】选项卡中点击【自动完成】下的【设置】按钮，设置自动完成功能仅应用于地址栏，并删除【删除自动完成历史记录】中的表单数据和密码，点击【确定】保存设置，如图 2-19 所示。

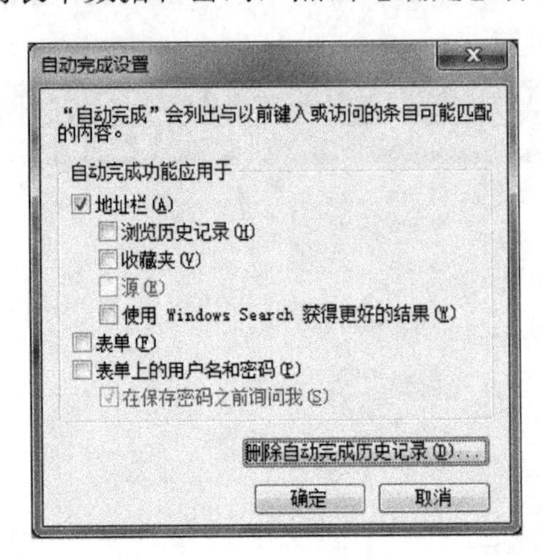

图 2-19 自动完成设置对话框

(3) 打开 IE 浏览器，执行菜单的【工具】→【Internet 选项】命令，在【高级】选项卡中设置"关闭浏览器时清空 Internet 临时文件夹"，"显示图像下载占位符"以及"使用被动 FTP"，点击【确定】保存设置。

实训任务 6 搜索引擎的使用

【实训目的】

(1) 掌握搜索引擎的使用；
(2) 掌握软件的下载方法；
(3) 掌握在线地图的使用。

【实训内容】

使用百度搜索引擎搜索指定内容，下载指定软件，并利用百度地图查询景点的位置、周边情况及公交线路等信息。

1. 搜索并下载 WinRAR 软件

(1) 打开 IE 浏览器，进入百度搜索网站(www.baidu.com)，输入搜索关键字"WinRAR"，并单击【百度一下】按钮。

(2) 在网页搜索结果中找到提供该软件下载的网站链接，并单击鼠标左键打开下载网站。

(3) 在打开的下载网站中找到下载项的超级链接，并右键点击，选择【目标另存为】命令将 WinRAR 软件下载到电脑桌面。

2. 搜索城市的公交线路信息

(1) 打开IE浏览器，进入百度搜索网站(www.baidu.com)，输入搜索关键字"长沙公交"，并单击【百度一下】按钮。

(2) 在网页搜索结果中找到提供公交线路信息的网站链接，并单击鼠标左键打开该网站。

(3) 在打开的公交线路网站中查看感兴趣的公交线路信息。

3. 搜索城市的天气预报信息

(1) 打开IE浏览器，进入百度搜索网站(www.baidu.com)，输入搜索关键字"上海天气"，并单击【百度一下】按钮。

(2) 在网页搜索结果中找到提供所在城市天气预报信息的网站链接，并单击鼠标左键打开该网站。

(3) 在打开的天气预报网站中查看未来几天的天气预报信息。

4. 使用多关键字搜索歌曲信息

(1) 百度支持多关键字的搜索，若需要使用多关键字搜索相关信息，需要在各关键字之间输入空格符。

(2) 打开IE浏览器，进入百度搜索网站(www.baidu.com)，输入搜索关键字"无印良品 注定"(请注意关键字之间的空格符)，并单击【百度一下】按钮。

(3) 在网页搜索结果中找到提供该歌曲相关信息的网站链接，单击鼠标左键打开该网站。

5. 使用百度地图搜索景区信息

(1) 打开IE浏览器，进入百度搜索网站(www.baidu.com)，单击网页顶端的【地图】超级链接，进入百度地图。

(2) 输入搜索关键字"湖南省博物馆"，并单击【百度一下】按钮。

(3) 在搜索结果地图中查看"湖南省博物馆"的具体位置及周边信息。

(4) 单击【路线】按钮，选择【公交】，在出发地中输入关键字"长沙火车南站"，点击【搜索】或直接回车，搜索去往"湖南省博物馆"的公交信息。

(5) 调整地图尺寸大小，掌握公交线路的换乘情况及行进路线情况。

实训任务7　电子邮件的使用

【实训目的】

(1) 掌握电子邮箱的申请；

(2) 掌握电子邮箱的使用，完成电子邮件的收发。

【实训内容】

申请一个126免费邮箱账号，并使用该账号与同学好友相互收发电子邮件。

(1) 打开 IE 浏览器，进入 126 免费邮箱网站(www.126.com)。

(2) 单击【注册】按钮，填写并提交相应注册信息，申请一个属于自己的 126 免费邮箱。

(3) 使用注册好的账户及密码登录 126 免费邮箱，并向其他同学发送一封问候电子邮件。

(4) 查收其他同学发送给自己的电子邮件。

实训任务 8　Outlook 的使用

【实训目的】

(1) 掌握 Outlook 软件的配置与管理；

(2) 掌握 Outlook 收发电子邮件及其他功能的使用方法。

【实训内容】

使用 Outlook 关联邮箱账户，实现电子邮件的处理、日常项目安排、联系人信息维护及个人文件夹管理等操作。

(1) 打开 Outlook 软件，并将实训任务 7 中申请的电子邮箱账户添加到 Outlook 中。

(2) 导入文件 Outlook1015.pst 至当前文件夹，用导入的项目替换重复的项目。

(3) 按图 2-20 所示，创建一封新邮件，收件人是张维(zhangwei@outlook.com)，主题是“工资到账通知”，并在发送的邮件中插入杨静的名片。

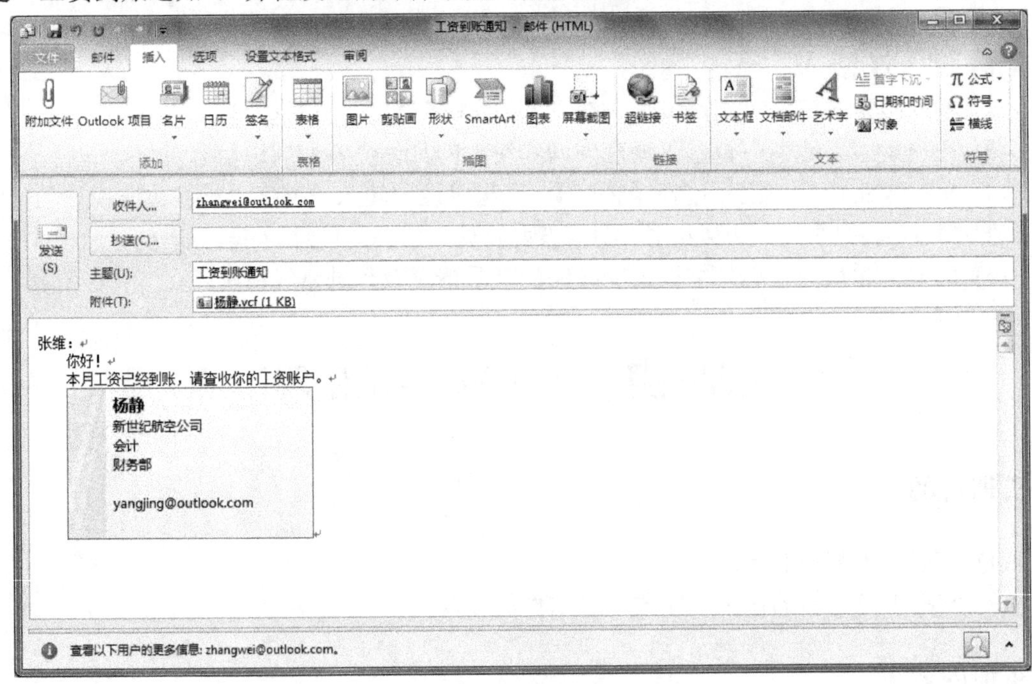

图 2-20　创建新邮件

(4) 按图 2-21 所示，答复收件箱中的邮件“球赛通知”，并抄送给杨静，同时在答复邮件中插入附件“kaka.jpg”。

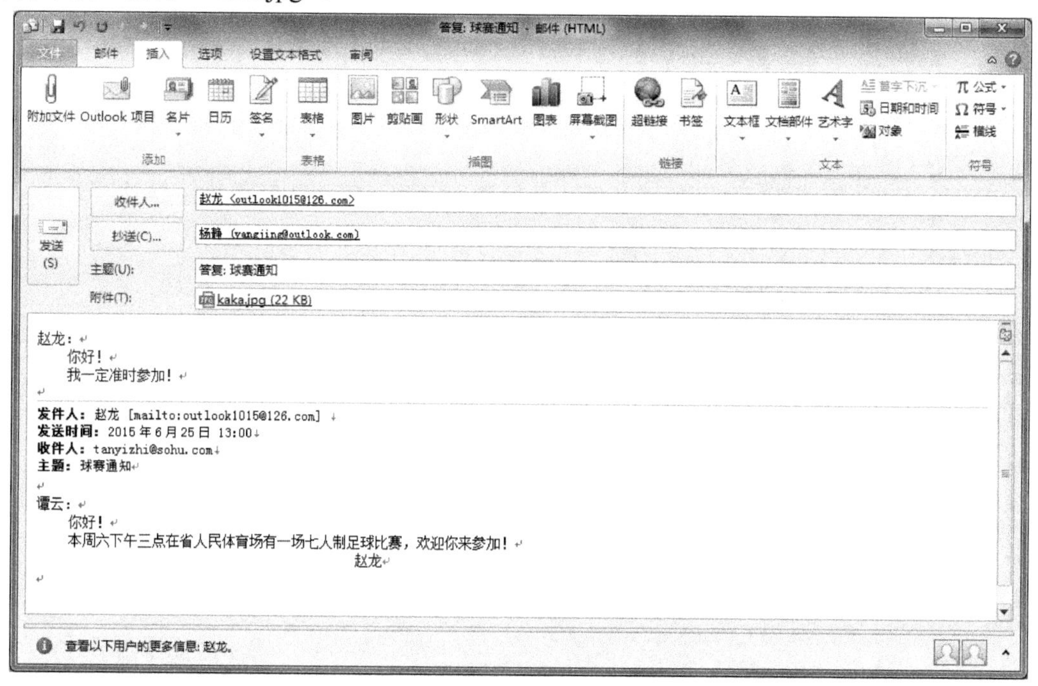

图 2-21　答复邮件

(5) 按图 2-22 所示，将“张维”的相关信息添加到联系人列表中。

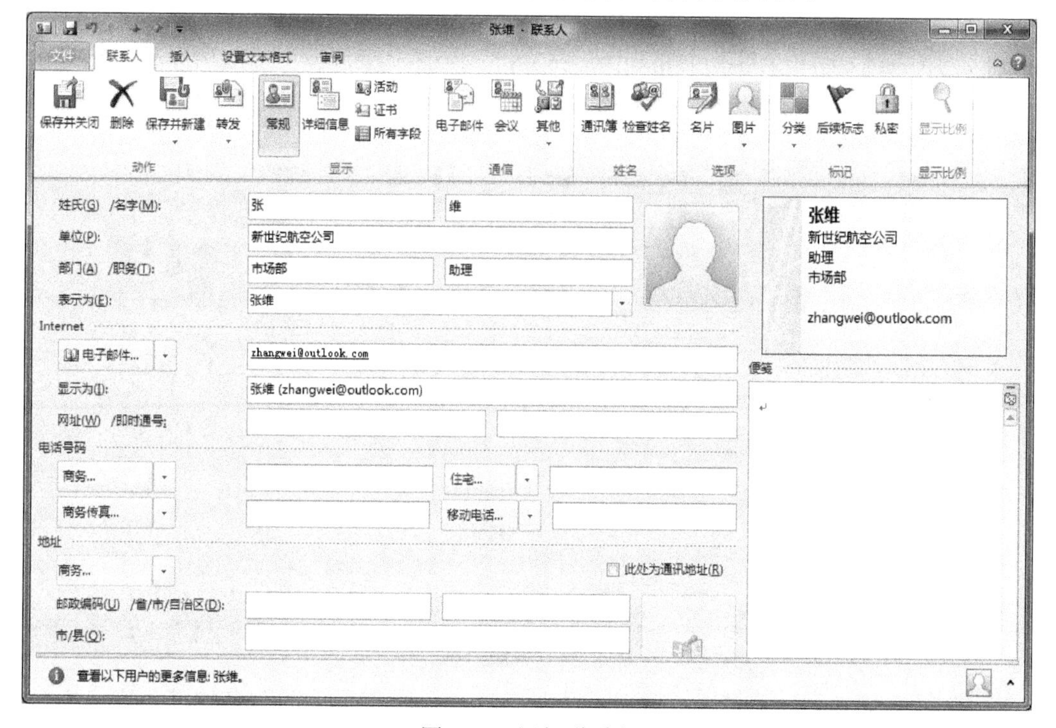

图 2-22　添加联系人

(6) 按图 2-23 所示，将邮件“球赛通知”转发给张维。将邮件“为收件人标记”设置为“请答复”，敏感度为“个人”，重要性为“高”，并在送达此邮件后给出“送达”回执。

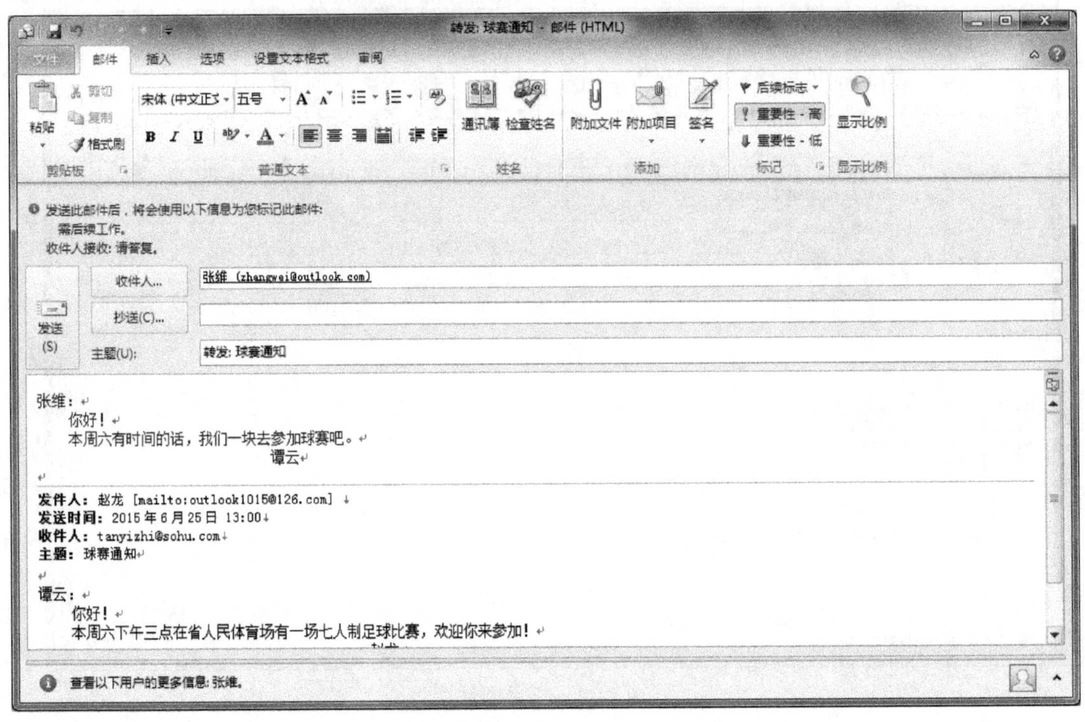

图 2-23　转发邮件

(7) 按图 2-24 所示，添加一次约会，主题为“青年员工联欢会”，地点为“公司大礼堂”，时间为“2015 年 7 月 18 日 20:00 至 22:00”，提前 1 天提醒，分类为“红色类别”。

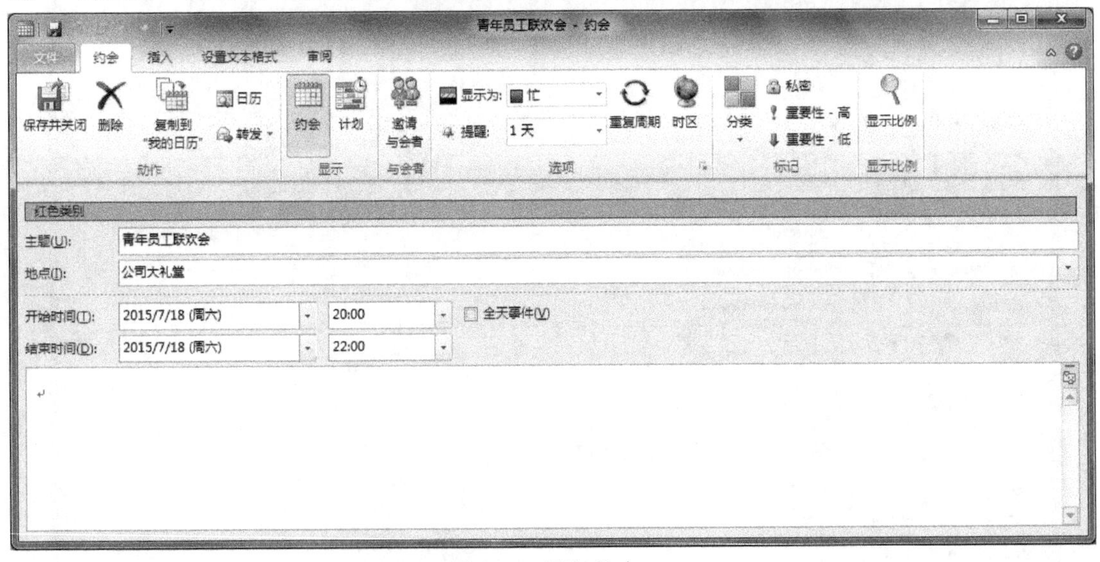

图 2-24　添加约会

(8) 按图 2-25 所示，安排一次会议，主题为“关于青年员工联欢会的准备工作安排”，地点为“公司人力资源部会议室”，时间为“2015 年 7 月 1 日 17:00 至 17:30”，提前 1 小时提醒，重要性为“高”，并通知张维与杨静参加会议。

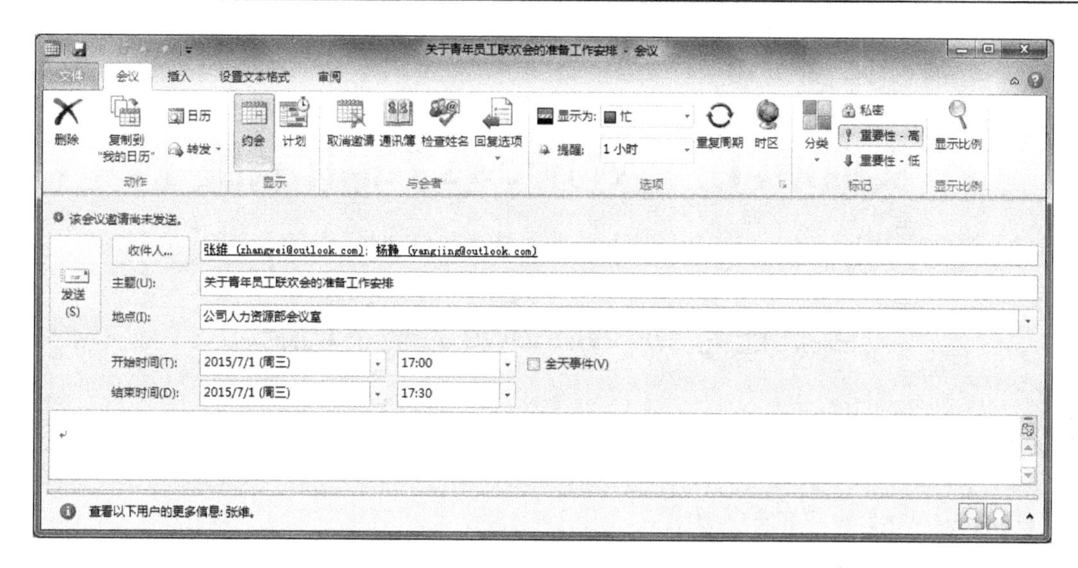

图 2-25　添加会议

(9) 为邮件“球赛通知”添加“请转发”的后续标志，设定开始时间为“2015 年 6 月 25 日”，截止时间为“2015 年 6 月 27 日”，分类为“绿色类别”。

(10) 以 myoutlook.pst 为文件名将个人文件夹(包括子文件夹)导出至桌面，并设置保存密码为“123”。

实训项目三　Windows 7 操作系统

实训任务 1　Windows 7 基本功能

【实训目的】

(1) 掌握 Windows 7 的基本操作；
(2) 掌握 Windows 7 桌面的设置；
(3) 掌握任务栏的设置；
(4) 掌握【开始】菜单的设置。

【实训内容】

1. 利用三种不同的方法进入 DOS 系统

(1) 单击【开始】菜单，选择【运行】命令，在【运行】对话框中输入 cmd。
(2) 单击【开始】菜单，选择【所有程序】→【附件】→【命令提示符】。
(3) 计算机开机或者重新启动时不断重复按 F8 键，选择计算机启动模式。

2. Windows 7 基本操作

(1) 开机，观察登录界面，以管理员(Administrator)身份登录系统。
(2) 注销，利用注销在几个用户之间进行切换操作。
(3) 打开计算机，进行最大化、最小化、向下还原、关闭和移动窗口的操作。
(4) 打开“附件”→“画图”工具，绘制一幅图画，通过其帮助学习绘制正方形和圆的画法，并将图片保存为“pic01.bmp”。
(5) 打开“附件”→“记事本”工具，输入实训项目三中实训任务 1“实训目的”中的文字(注意使用快捷键切换输入法)，保存为“doc01.txt”。
(6) 打开“附件”→“计算器”工具，利用其“科学型”方式，将十进制数 5998 转换为二进制、八进制和十六进制数。
(7) 任意打开多个窗口，分别利用鼠标和键盘(Alt+Tab)进行窗口切换，设置多窗口排列方式为层叠、横向平铺或纵向平铺，观察其不同。

3. Windows 7 桌面设置

1) 桌面快捷图标的设置

(1) 在桌面创建“画图”的快捷图标。
(2) 对桌面快捷图标按照“名称”“项目类型”“大小”“修改日期”等进行排序；将桌

面的所有快捷图标隐藏起来。

(3) 先将桌面上的“用户的文件”“网络”快捷图标隐藏起来，然后再显示出来。

(4) 更改桌面上的“计算机”快捷图标。

2）任务栏的设置

(1) 设定任务栏使用小图标。

(2) 设定任务栏显示在屏幕顶部。

(3) 任务栏按钮设为“始终合并、隐藏标签”。

(4) 隐藏音量图标。

3）桌面背景的设置

(1) 利用“Windows 桌面背景”提供的桌面背景图片设置桌面背景。

(2) 创建幻灯片放映桌面背景。

4）桌面屏幕保护程序的设置

(1) 将计算机上的个人图片创建为屏幕保护程序。

(2) 创建“三维文字”屏幕保护程序。

5）桌面小工具

(1) 为桌面添加“日历”工具。

(2) 在桌面上设置“日历”工具为较小尺寸。

(3) 关闭“日历”工具。

4. 设置窗口颜色和外观

设置窗口颜色为“绿色”，菜单颜色为“红色”，菜单字体为“楷体”，字号为“12”。

5. 【开始】菜单的设置

(1) 将画图程序图标和 Word 程序图标锁定到【开始】菜单。

(2) 从【开始】菜单删除画图程序图标。

(3) 清除【开始】菜单中最近打开的文件或程序。

(4) 更改【开始】菜单中显示的最频繁使用程序快捷方式的数目为 8 个。

(5) 自定义【开始】菜单右侧的项目，计算机显示为链接，不显示控制面板。

实训任务 2　文件和文件夹的操作

【实训目的】

(1) 掌握文件及文件夹的管理途径；

(2) 掌握文件及文件夹的基本操作；

(3) 掌握文件及文件夹属性的设置；

(4) 掌握文件及文件夹的搜索；

(5) 掌握库的创建。

【实训内容】

(1) 实现如下操作：

① 快速格式化 D 盘(注意：如果 D 盘有数据，请谨慎操作；也可格式化自己的 U 盘)。

② 在 D 盘根目录下创建新文件夹“abc”，创建子文件夹“123”“456”和“789”。在“abc”中创建文本文件“sample.txt”。

③ 复制 C:\WINDOWS\system32\notepad.exe 文件到“abc”中，复制 c:\Windows 文件夹中多个连续或不连续的文件到“123”中。

④ 剪切“123”中的部分文件到“456”中。

⑤ 删除“123”中的文件，删除“789”文件夹；还原回收站中部分文件，并清空回收站。

⑥ 将“123”更名为“efg”，将“abc”中“sample.txt”更名为“abc.txt。”

⑦ 将“abc”中的“notepad.exe”文件属性改为隐藏和只读；设置文件夹选项，使资源管理器“不显示隐藏文件和文件夹”或“显示所有文件和文件夹”，观察其变化。

⑧ 在桌面创建 C:\WINDOWS\system32\notepad.exe 程序文件的快捷方式。

(2) 实现如下操作：

① 在 D 盘建立“Win7”文件夹，再在“Win7”文件夹中新建“wintest.txt”文件。

② 打开“wintest.txt”文件，在文档中输入内容“how do you do?”。

③ 将“wintest.txt”的文件名改为“winabc.txt”后复制到 D 盘中。

④ 将 D:\Win7 中的“winabc.txt”文件删除。

⑤ 将刚刚删除的文件从回收站中恢复。

⑥ 将 Win7 文件夹定义为“隐藏”属性。

⑦ 将隐藏的文件或者文件夹显示出来。

⑧ 设置显示所有文件的扩展名。

(3) 实现如下操作：

① 建立“英语学习”库。

② 将电脑中的英语学习文件包含到库中。

(4) 实现如下操作：

① 在 D 盘中建立一个文件夹，名为“搜索结果”。

② 在 D 盘中搜索所有扩展名为“.txt”的文件。

③ 打开预览窗格，对搜索出来的文件内容进行预览。

④ 将搜索结果的视图方式改为“详细信息”。

⑤ 将搜索结果按照修改日期先后进行排序，并将前三个文件复制到“搜索结果”文件夹中。

(5) 打开“资源管理器”，在 D 盘根目录下建立一个文件夹，以自己的学号命名；再在这个文件夹中新建一个文本文档，打开它，输入“你好，欢迎来到长沙”，保存文本文档，关闭它，重命名为“欢迎 . txt”；复制该文本文档到 D 盘根目录下。

实训任务 3　系统设置

【实训目的】

(1) 掌握控制面板的管理途径；

(2) 掌握控制面板的基本操作。

【实训内容】

1. 鼠标的设置

(1) 更改鼠标指针方案“Windows Aero(系统方案)”中鼠标“移动”的形状为“6.cur”，并将该方案另存为“我的方案”。

(2) 设置鼠标键为“右手模式”，鼠标指针为“手写”(笔形)。

(3) 显示鼠标指针轨迹，并将轨迹设置为最长，取消“在打字时隐藏指针”。

2. 电源的设置

(1) 设置电源使用方案为 15 分钟后关闭显示器，45 分钟后使计算机进入睡眠专题。

(2) 电源选项设置为“节能”效果。

3. 创建新账户

为计算机创建一个新账户，账户类型为“标准用户”，账户名称为“明明”，密码是“ABCD”。

4. 磁盘碎片整理

用“磁盘碎片整理程序”对 C 盘进行碎片整理，并设置计划为每周四的 15:00 对 C 盘进行碎片整理。

5. 打印机的设置

(1) 为计算机安装一个佳能 lbp5960 的本地打印机，将选择打印机端口的画面窗口保存为“打印机.jpg”。

(2) 设置 lbp5960 打印机的纸张来源为自动，颜色为黑白，并将窗口保存为“打印机设置.bmp”。

6. Windows 区域和语言设置

(1) 设定 Windows 系统的数字格式为：小数点为“.”，小数位数为“2”，数字分组符为“;”，数字分组为“12，34，56，789”，列表项分隔符为“;”，负号为“-”。

(2) 设定 Windows 系统的长时间样式为“HH:mm:ss”，上午符号为“上午”，下午符号为“下午”。

(3) 将 Windows 系统日期格式设为：短日期为“yy/MM/dd”；长日期样式为“dd MMMM

yyyy”。

(4) 设置 Windows 货币符号为“$”，货币正数格式为“R 1.1”，货币负数格式为“R -1.1”，小数位数为 2 位，数字分组符号为“，”，数字分组为每组 3 个数字。

(5) 设置语言栏“悬浮于桌面上”“在非活动时，以透明状态显示语言栏”。设置切换到“微软拼音输入法”的快捷键为“左 Alt+Shift+0”。

实训项目四 Word 2010

实训任务 1 文档的基本编排

【实训目的】

(1) 掌握 Word 2010 的启动、退出，熟悉 Word 2010 工作窗口；
(2) 掌握创建电子文档的方法；
(3) 熟练掌握文字输入及编辑方法；
(4) 熟练掌握字符格式和段落格式的设置方法；
(5) 掌握保存、预览和打印文档的方法。

【实训内容】

(1) 打开素材文件“一封信.docx”，参照图 4-1 的效果，并按以下要求进行操作。

① 新建 Word 2010 空白文档，将文字素材“一封信.docx”内容拷贝到空白文档内，然后命名为“一封信 2.docx”，保存在“D:\学号-姓名\”文件夹中。

② 打开刚保存的“一封信 2.docx”文件，根据以下要求进行操作。

· 插入文字：在“你对”之间插入“近来”两字；在“小李”前增加一行“Best wishes to you!”。

· 移动文字：将“纸短情长，再祈珍重!”与上一段互换。

· 替换文字：使用查找替换功能把所有的“你”替换为“您”。

· 合并段落：将第三段和第四段合并为一段。

· 拼写检查：改正文档中拼写错误的单词。

· 将文档第二段删除，再撤销删除第二段的操作。

· 分别以 Web 版式视图、页面视图、大纲视图、草稿视图、阅读版式不同方式显示文档，观察各个视图的显示特点。

· 在电话 134****9823 和邮箱 43****34@qq.com 前插入如图 4-1 中的特殊符号。

· 在“小李”二字的下一段插入如图 4-1 中所示的系统日期，并将日期设置为自动更新。

小印：你好！↵

听说你近来对办公软件很感兴趣。特推荐给你几本办公软件书：《办公技巧 600 例》、《办公软件高级应用》、《电脑高效办公》，这几本书都非常好，希望你能喜欢。↵

纸短情长，再祈珍重！有空常联系！☎134****9823； ✉43****34@qq.com↵

另送你一段英语短文，请你欣赏：↵

However mean your life is, meet it and live it do not shun it and call it hard names. It is not as bad as you are. It looks poorest when you are richest. The fault-finder will find faults in paradise. Love your life, poor as it is. You may perhaps have some pleasant, thrilling, glorious hours, even in a poor-house. The setting sun is reflected from the windows of the alms-house as brightly as from the rich man's abode; the snow melts before its door as early in the spring. I do not see but a quiet mind may live as contentedly there, and have as cheering thoughts, as in a palace. The town's poor seem to me often to live the most independent lives of any. May be they are simply great enough to receive without misgiving. Most think that they are above being supported by the town; but it often happens that they are not above supporting themselves by dishonest means. Which should be more disreputable? Cultivate poverty like a garden herb, like sage. Do not trouble yourself much to get new things, whether clothes or friends, Turn the old, return to them. Things do not change; we change. Sell your clothes and keep your thoughts.↵

Best wishes to you!↵

小李↵

2015 年 6 月 16 日↵

图 4-1　“一封信 2.docx”效果图

(2) 参照图 4-2 的效果完成“关于‘市场部员工培训讲座’的通知”的制作。

① 新建空白 Word 2010 文档，输入图 4-2 中的文字内容，然后命名为“培训通知.docx”，保存在“D:\学号-姓名\”文件夹中。

② 设置文本的字符格式。

- 设置标题行文本为“宋体、二号字、加粗、居中对齐”。
- 设置正文文字为“宋体、四号字、两端对齐、首行缩进 2 字符”。
- 设置正文第一段中“本周四(6 月 9 号)下午 14 时”和“三楼会议大厅”为“加粗、倾斜、下划线”。
- 设置“主题内容”和“主讲”为“加粗”。

③ 设置文本的段落格式。

- 第二、三、四段为 3 倍行距。给第二段和第三段加上如图 4-2 所示的项目符号。
- 设置落款为右对齐。

关于“市场部员工培训讲座”的通知

经过与市场部的时间协调，特定于***本周四（6月9日）下午14时***在***三楼会议大厅***举办“市场部员工培训讲座”。

♦ **主题内容：**市场调研与数据分析的战略意义。

♦ **主讲：**李德（蓝天市场策划公司市场总监）

望各位市场部员工准时参加。

行政部

2013年5月30日星期四

图 4-2　“培训通知.docx”效果图

(3) 打开素材文件“地球的大陆是怎么分裂的？.docx”，参照图 4-3 的效果，并按以下要求操作。

① 将文档第一行标题文字设置为“华文行楷、二号、居中对齐”，为其添加“渐变填充-黑色，轮廓-白色，外部阴影”的文本效果，加着重号。

② 将文档的正文设置为“楷体、小四”。

③ 将文档的最后一行字设置为“黑体、四号”，对齐方式为“右对齐”。

④ 将文档的正文段落格式设置为“首行缩进两个字符、1.5 倍行距、段前 0.5 行、段后 0.5 行。

⑤ 将文档正文中“(1～1.5 × 102)”的数字 2 设置为上标。

⑥ 将文档正文第一段的“大”字，设置为首字下沉 3 行，距正文 0.5 厘米。

⑦ 为文档最后一段“世界未解之谜”添加拼音，并设置拼音的对齐方式为“左对齐”，偏移量为 3 磅，字体为黑体，字号为 14 磅。

⑧ 设置文档的页面边框为：倒数第 3 个艺术型页面边框效果。

地球的大陆是怎么分裂的？

大约两亿年前，地球上只有一个古大陆。后来，古大陆破裂并分离，并形成了一些新的海洋。可是大陆分裂的原因是什么呢？

一些学者认为：炽热软流物质的上涌是大陆分裂的基本动力。坚硬的岩石圈构成整个地球的外壳，岩石圈之下是由炽热熔融物组成的软流圈。如果软流圈上涌，就会使上面的岩石圈穹形隆起并拉伸开来；又由于温度升高，使大陆岩石圈的强度降低；最后，大陆会沿长长的断层发生破裂和陷落。比如宏伟的东非大裂谷就是一个典型。在裂谷两侧，大陆岩石圈厚约100～150(1.5×10^2)公里，而裂谷下的大陆岩石圈仅30～50公里，裂谷周缘的东非高原，有非洲屋脊之称。所有这些都是在炽热的上涌的软流圈作用下造成的。只是大陆岩石圈还没有完全断裂开，所以没形成新的海洋。如果上涌的软流圈的作用力量足够大，岩石圈断裂开，来自软流圈的玄武质岩浆就会顺裂口涌出，冷凝之后就形成玄武岩质的大洋型地壳，进而形成海洋。比如红海、亚丁湾等就是这样形成的。

另一些学者认为，大陆分裂是岩石圈板块相互作用所产生的应力促使某一板块破裂而造成的。如前苏联贝加尔裂谷是大陆破裂的地点之一，但其四周却没有大陆岩石圈穹形隆起的现象，用第一种观点就很难解释。贝加尔裂谷的起因，是印度板块撞击亚洲大陆主体导致后者破裂而形成的。沿阿尔卑斯山脉板块碰撞激起的力，导致欧洲莱茵裂谷的形成。一旦大陆板块由于碰撞开始破裂，被岩石圈禁锢的软流圈物质便会沿着裂谷地带上涌。换言之，是岩石圈破裂引起软流圈上涌，这与软流圈上涌导致大陆岩石圈破裂的观点正好相反。

究竟是哪一种作用先出现？尽管两种作用可能相辅相成，但确实存在着哪种作用为主的问题，学者们还未取得一致意见。并且，即使软流圈上涌是大陆分裂的动力的说法成立，但是，为什么软流圈会在这里而不是在别的地方上涌？是什么力量推动软流圈上涌？这些问题都有待进一步研究。

shìjièwèijiězhīmí
（摘自《世 界 未 解 之 谜》）

图 4-3　“地球的大陆是怎样分裂的.docx”排版效果图

(4) 打开素材文件“求职信.docx”，参照图 4-4 的效果进行排版。

① 页面布局合理美观，控制在一页内。

② 不能通过空格来对齐或空两格。

③ 不能通过按回车键来调段间距。

求职信

尊敬的贵公司领导：

您好！

感谢您能在百忙之中审阅我的求职申请。

感谢您给我这次难得的机遇，请你，以平和的心态来看完这封求职信，由于时间仓促，准备难免有不足和纰漏之处，请予以谅解！

首先，我想表明一下个人的工作态度。也可能是阅历的浅薄吧。一直到现在我都固执地认为：我的工作就是一种学习的过程，能够在工作中不断地汲取知识。当然，钱很重要，不过对我来说，充实而快乐的感觉就是最大的满足了！

如果非要推销自己的话，我想个人的生活经历让自己考虑问题更细致一些。第一，从十六岁开始，一直独自一人在校生活，自理能力不成问题。第二，在中专期间，让我更加有一种紧迫感，危机感。第三，课外的活动，让我有了一种为人处的经验。真的很感谢这两种经历，无论从哪方面来说，锻炼价值都是相当大的。在几年的工作中，一直做到了三心，即细心，耐心，恒心；二意，即诚意，真意。

当然，自己也并不是具备什么压倒性的优势，甚至从某种程度来说，优势即是劣势，我深信我会一步一个脚印走的更好！但我也明白自己的平凡，知道自己在各方面还需要进一步提高。或许在贵公司的求职者中我不是最优秀的，但我相信自己的综合实力，更相信您的慧眼。希望贵公司能给我一个展现自己的平台。我所在乎的不仅仅是薪酬的多少，更重要的是在工作中到底获得了多少作为一个人的尊严。可不管怎么说，只要兴趣所在，心志所向，我想这些都是完全可以克服的。

最后，恭祝贵公司事业蒸蒸日上，祝您工作顺利！恳切盼望您详考、谨虑，使我与贵公司共同发展，求至善、创辉煌！

此致

敬礼

求职者：李星

二〇一三年五月二十六日

图 4-4　“求职信.docx”排版效果图

实训任务 2 制 作 表 格

【实训目的】

(1) 掌握创建表格的基本方法；
(2) 掌握表格的编辑和调整的基本方法；
(3) 掌握修饰表格的基本方法；
(4) 掌握表格的数据处理操作。

【实训内容】

1. 制作成绩表

(1) 新建空白 Word 文档，命名为“学生成绩表.docx”，保存在“D:\学号-姓名\”文件夹中。

(2) 输入表格标题“学生成绩表”，设置为“四号、宋体、加粗、居中”。

(3) 创建一个 7 行 6 列的表格，输入如图 4-5 所示的表格内容。注意：总分和单科平均分对应的单元格中不输入内容(用公式来计算)。

	语文	数学	英语	计算机	总分
王强	78	89	71	58	
王杰化	72	86	52	78	
程西	91	95	97	59	
王斌	78	88	86	79	
李杰	100	90	78	89	
平均分					

图 4-5　学生成绩表

(4) 设置表格格式。
① 将表格设置为“居中”。
② 将表格中各数值单元格的对齐方式设置为中部居中。
(5) 表格行和列的操作。
① 在“总分”列的右面插入 1 列，在第一个单元格中输入“名次”。
② 将王强和王斌两行数据互换。

③ 给第 1 行第 1 列的单元格插入斜线表头，表头文字为“科目”和“姓名”。

④ 将表格各行及各列平均分布。

(6) 美化表格。

① 设置底纹。最后一行设置为“茶色”底纹，其余各行设置为“浅黄色”底纹。

② 设置表格边框。将表格外边框设置为“□”；网格横线和竖线设置为“细实线”。

(7) 表格数据计算(要求使用公式计算)。

① 在“总分”列输入公式，计算每个人的总分。

② 在“单科平均分”行输入公式，计算每科的平均分。

③ 根据总分进行排序。

(8) 为“学生成绩表.docx”设置打开密码为“123abc”，设置修改文件密码为“abc123”。

完成学生成绩表的制作，并完成数据处理操作。制作效果如图 4-6 所示。

学生成绩表

科目 姓名	语文	数学	英语	计算机	总分	名次
李杰	100	90	78	89	357	1
程西	91	95	97	59	342	2
王斌	78	88	86	79	331	3
王强	78	89	71	58	296	4
王杰化	72	86	52	78	288	5
平均分	83.8	89.6	76.8	72.6		

图 4-6 “学生成绩表”效果图

2. 按图 4-7 所示在 Word 中绘制“个人简历”

(1) 设置标题文字为“华文行楷、小一号、加粗、居中、蓝色”，其他表格内文字为“宋体、五号”。

(2) 设置全部单元格内容的对齐方式为中部居中，再设置“教学课程”“个人荣誉”等所填内容区域的对齐方式为“中部两端对齐”。

(3) 设置表格中的“照片”“教学课程”“个人荣誉”等文字为竖排文本。

(4) 设置表格的外边框的“线型”为“单线”，“宽度”为“3 磅”，“颜色”为“深蓝”；内线的“线型”为“单线”，“宽度”为“1 磅”，“颜色”为“深蓝”。

(5) 样图中的底纹为“灰-12.5%”。

个人简历

姓名	秦小姐	性　别	女	照片
出生年月	1991.08	民　族	汉	
政治面貌	共青团员	学　历	大专	
专业	英语教育	培养方式	統招	
毕业院校:	张家界航空工业职业技术学院			
家庭住址				
联系地址		邮编	***************	
联系方式				
个人技能: 大学公共英语四级、CET 四级、计算机二级 B				
个人荣誉: 2012.1-2013.9 获得专业年度优秀奖; 2013.2-2013.7 获得全国大学生“先进个人”; 获得二等综合奖学金; 获得优秀学生干部奖学金;				
工作经历: 2012.1 做过写真模特促销员 2013.7 在培训辅导机构担任教员 2013.9 民生银行广州分行实习				
教学课程: 综合英语，阅读，英语语法，写作，翻译，口译，英语口语，语音，听力，心理学基础，教育学基础				
求职意向: 进出口业务，商务英语，文秘英语，英语老师、银行外语客服				

图 4-7 “个人简历”效果图

3. 参照样图 4-8 制作“机动车驾驶证申请表”

机动车驾驶证申请表

档案编号	

<table>
<tr><td rowspan="8">申请人填写</td><td>姓名</td><td></td><td>性别</td><td></td><td>出生</td><td>年　月　日</td></tr>
<tr><td>身份证号码</td><td colspan="3"></td><td>国籍</td><td></td></tr>
<tr><td>暂住证、居留证号码</td><td colspan="4"></td><td rowspan="6">（照片）</td></tr>
<tr><td>住址</td><td colspan="4"></td></tr>
<tr><td>电话</td><td></td><td>邮编</td><td colspan="2"></td></tr>
<tr><td>申请驾驶证种类</td><td></td><td>车型</td><td colspan="2"></td></tr>
<tr><td>申请人签名</td><td></td><td></td><td colspan="2"></td></tr>
<tr><td>原证件种类</td><td></td><td>准驾记录</td><td colspan="2"></td></tr>
<tr><td rowspan="3">身体条件</td><td>身高</td><td></td><td>视力</td><td></td><td>辨色力</td><td></td><td rowspan="3">年　月　日</td></tr>
<tr><td>听力</td><td></td><td colspan="2">身体运动能力</td><td colspan="2"></td></tr>
<tr><td colspan="4">有无碍障驾驶疾病及生理缺陷</td><td colspan="2"></td></tr>
<tr><td rowspan="3">考试记录</td><td>项目</td><td>交通法规</td><td>场地驾驶</td><td>道路驾驶</td></tr>
<tr><td>成绩</td><td></td><td></td><td></td></tr>
<tr><td>考试员、日期</td><td></td><td></td><td></td></tr>
<tr><td rowspan="4">证件记录</td><td>驾驶证种类</td><td>车型</td><td>核发日期</td><td>经办者</td><td rowspan="4">（发证机关章）
年　月　日</td></tr>
<tr><td>学习驾驶证</td><td></td><td>年　月　日</td><td></td></tr>
<tr><td>正式驾驶证</td><td></td><td>年　月　日</td><td></td></tr>
<tr><td colspan="2">初次领证日期</td><td colspan="2">年　月　日</td></tr>
</table>

附：用黑墨水填写，不准折叠

图 4-8　“机动车驾驶证申请表”效果图

4. 参照样图 4-9 制作“注册安全工程师初始注册申请表”

注册安全工程师初始注册申请表

<table>
<tr><td rowspan="9">申请人</td><td colspan="2">姓　名</td><td></td><td>性别</td><td></td><td>出生年月</td><td colspan="2"></td><td rowspan="3">（贴 2 寸免冠正面彩色近照）</td></tr>
<tr><td colspan="2">执业资格证书签发日期</td><td></td><td>执业资格证书管理号</td><td></td><td>执业资格证书编号</td><td colspan="2"></td></tr>
<tr><td colspan="2">申请注册类　别（选一项）</td><td colspan="6">1. 煤矿安全□　2. 非煤矿矿山安全□　3. 建筑施工安全□
4. 危险物品安全（危险化学品□　烟花爆竹□　民用爆破器材□）
5. 其他安全（交通□、铁路□、民航□、水利□、电力□、特种设备□、电信□、消防□、农业□、林业□、其他□）</td></tr>
<tr><td colspan="2">身份证件名　称</td><td colspan="2"></td><td>身份证件号　码</td><td colspan="4"></td></tr>
<tr><td colspan="2">参加工作时　间</td><td></td><td>职务\职称</td><td colspan="2"></td><td>从事安全生产相关工作年限</td><td colspan="2"></td></tr>
<tr><td rowspan="2">最高学历</td><td>毕业院校</td><td colspan="4"></td><td>所学专业</td><td colspan="2"></td></tr>
<tr><td>毕业时间</td><td></td><td>学　历</td><td colspan="2"></td><td>学　位</td><td colspan="2"></td></tr>
<tr><td colspan="2">固定电话</td><td></td><td>移动电话</td><td></td><td>E-mail</td><td colspan="3"></td></tr>
<tr><td colspan="9"></td></tr>
<tr><td rowspan="3">聘用单位</td><td colspan="2">名　称</td><td colspan="4"></td><td>单位属性代　码</td><td colspan="2"></td></tr>
<tr><td colspan="2">通讯地址</td><td colspan="4"></td><td>邮政编码</td><td colspan="2"></td></tr>
<tr><td colspan="2">联系部门</td><td></td><td>联系电话</td><td colspan="2"></td><td>传　真</td><td colspan="2"></td></tr>
<tr><td colspan="10">从事安全生产相关业务工作经历</td></tr>
<tr><td colspan="2">起止时间</td><td colspan="2">工作单位</td><td colspan="2">职务及职称</td><td colspan="4">从事何种安全生产业务工作</td></tr>
<tr><td colspan="2"></td><td colspan="2"></td><td colspan="2"></td><td colspan="4"></td></tr>
<tr><td colspan="2"></td><td colspan="2"></td><td colspan="2"></td><td colspan="4"></td></tr>
<tr><td colspan="2"></td><td colspan="2"></td><td colspan="2"></td><td colspan="4"></td></tr>
</table>

图 4-9　“注册安全工程师初始注册申请表”效果图

5. 文本与表格间的相互转换

(1) 按样图 4-10 所示，将“恒大中学各地招生站及联系方式”的文本转换成 3 列 7 行的表格形式，固定列宽为 4 厘米，文字分隔位置为制表符；为表格自动套用“中等深浅底纹 1-强调文字颜色 4”的表格样式，表格对齐方式为居中。

恒大中学各地招生站及联系方式

招生站	地址	联系电话
川汇区	永安大厦 505 室	8286176
郸城	烟草宾馆 205 室	3218755
沈丘	良友宾馆 201 室	5102955
商水	烟草宾馆 302 室	5455469
西华	箕城宾馆 102 室	2531717
太康	县委招待所 212 室	6827309

图 4-10　“文本转换成表格”后样文

(2) 按样图 4-11 所示，将“北极星手机公司员工一览表”的表格转换成文本，文字分隔符为制表符。

北极星手机公司员工一览表

员工姓名 → 性别 → 年龄 → 政治面貌 → 最高学历 → 现任职务
刘阳 → 男 → 28 → 党员 → 本科 → 办公室主任
苏雪梅 → 女 → 30 → 党员 → 高中 → 财务主任
吴丽 → 女 → 29 → 党员 → 中专 → 销售经理
郑妍妍 → 女 → 30 → 团员 → 大专 → 服务部经理
石伟 → 男 → 32 → 团员 → 中专 → 财务副主任
朱静 → 男 → 34 → 党员 → 本科 → 销售科长

图 4-11　“表格转换成文本”后样文

实训任务 3　Word 图文混排

【实训目的】

(1) 掌握绘制自选图形的方法；

(2) 掌握插入图片，并对图片进行编辑的方法；

(3) 掌握插入艺术字，并对艺术字进行编辑的方法；

(4) 掌握插入文本框，并对文本框进行编辑的方法。

【实训内容】

(1) 打开素材“画鸟的猎人”，按图 4-12 进行如下操作。

艾青

一个人想学打猎，找到一个打猎的人，拜他做老师。他向那打猎的人说："人必须有一技之长，在许多职业里面，我所选中的是打猎，我很想持枪到树林里去，打到那我想打的鸟。"

于是打猎的人检查了那个徒弟的枪，枪是一技好枪，徒弟也是一个有决心的徒弟，就告诉他各种鸟的性格，和有关瞄准与射击的一些知识，并且嘱咐他必须寻找各种鸟去练习。

那个人听了猎人的话，以为只要知道如何打猎就已经能打猎了，于是他持枪到树林。但当他一进入树林，走到那里，还没有举起枪，鸟就飞走了。

于是他又来找猎人，他说："鸟是机灵的，我没有看见它们，它们先看见我，等我一举起枪，鸟早已飞走了。"

猎人说："你是想打那不会飞的鸟么？"

他说："说实在的，在我想打鸟的时候，要是鸟能不飞该多好呀！"

猎人说："你回去，找一张硬纸，在上面画一只鸟，把硬纸挂在树上，朝那鸟打，你一定会成功。"

那个人回家，照猎人所说的做了，试验着打了几枪，却没有一枪能打中。他只好再去找猎人。他说："我照你说的做了，但我还是打不中画中的鸟。"猎人问他是什么原因，他说："可能是鸟画得太小，也可能是距离太远。"

那猎人沉思了一阵向他说："对你的决心，我很感动，你回去，把一张大一些的纸挂在树上，朝那纸打—这一次你一定会成功的。

那人很担忧地问："还是那个距离么？"

猎人说："由你自己去决定。"

那人又问："那纸上还是画着鸟么？"

猎人说："不。"

那人苦笑了，说："那不是打纸么？"

猎人很严肃地告诉他说："我的意思是，你先朝着纸只管打，打完了，就在有孔的地方画上鸟，打了几个孔，就画几只鸟——这对你来说，是最有把握的了。

艾青（1910-1996）：现、当代诗人，浙江金华人。

图 4-12 “画鸟的猎人”效果图

① 设置页面：设置纸张大小为自定义大小，宽度为 20 厘米，高度为 25 厘米，页边距上、下各为 2 厘米。

② 设置页眉/页码：按效果图添加页眉文字，插入页码，并设置相应的格式。

③ 设置艺术字：将标题“画鸟的猎人”设置为艺术字，其艺术字式样为“填充-橙色，强调文字颜色 6，暖色粗糙棱台”，字体为“华文行楷，44 磅”，文字环绕方式为“嵌入型”，并为其添加映像变体中的“紧密映像，8pt 偏移量”和转换中的“停止”弯曲文本效果。

④ 设置分栏格式：将正文除第 1 段以外的其余各段均设置为两栏格式，栏间距为 3 字符，显示分隔线。

⑤ 设置边框(底纹)：设置正文最后一段添加双波浪线边框，并填充底纹为图案式样为 10%，为整个页面添加如样文所示页面边框。

⑥ 插入图片：在样文所示位置插入素材图片，设置图片的缩放比例为 45%，环绕方式为“紧密型环绕”，并为图片添加“圆形对角，白色”的外观样式。

⑦ 设置脚注(尾注/批注)：为第 2 行“艾青”两个字插入尾注“艾青(1910—1996)：现、当代诗人，浙江金华人。”

(2) 打开素材“大熊湖简介”，按图 4-13 进行如下操作。

① 设置页面：设置纸张大小为信纸，页边距上、下各 2.5 厘米，左、右各 3.5 厘米。

② 设置页眉/页码：按样文“W7.docx”添加页眉文字，插入页码，并设置相应的格式。

③ 设置艺术字：将标题“大熊湖简介”设置为艺术字，其艺术字式样为“填充-红色，强调文字颜色 2，暖色粗糙棱台”，字体为“黑体，48 磅”，文字环绕方式为“嵌入型”，为艺术字添加“红色，8pt 发光，强调文字颜色 2”的发光文本效果。

④ 设置分栏格式：将正文第 4 段至结尾设置为栏宽相等的三栏格式，显示分隔线。

⑤ 设置边框(底纹)：设置正文的第 1 段添加 1.5 磅、深红色、单实线边框，并为其填充天蓝色(RGB:100，255，255)底纹，为整个页面添加如样文所示的页面边框。

⑥ 插入图片：在样文所示位置插入素材图片，设置图片的缩放比例为 55%，环绕方式为“四周型环绕”，并为图片添加“梭台亚光，白色”的外观样式。

⑦ 设置脚注(尾注/批注)：为正文第 5 段的“钻石”两字插入尾注“钻石：是指经过琢磨的金刚石，金刚石是一种天然矿物，是钻石的原石”。

(3) 打开素材“二月二龙抬头的传说”，按图 4-14 进行如下操作。

① 设置页面：自定义纸张大小为宽 21 厘米、高 30 厘米；页边距上、下各 2 厘米，左、右各 3 厘米。

② 设置页眉/页码：按样文添加页眉文字和页码，设置字体为华文行楷、小四号、浅蓝色。

③ 设置艺术字：将标题“二月二龙抬头的传说”设置为艺术字，其艺术字式样为“填充-白色，暖色粗糙棱台”，字体为“华文中宋”，字号为“36 磅”，文本填充为预设颜色中“彩虹出岫”的效果，类型为“射线”，方向为“中心辐射”，文字环绕方式为“上下型环绕”，对齐方式为“居中”，为艺术字添加转换中“桥形”的文本效果。

湖泊之最

大熊湖简介

大熊湖（Great Bear Lake）位于加拿大西北地区，是该地区第一大湖，也是北美第四大湖和世界第八大湖。因湖区栖息众多北极熊而命名。湖形不规则，长约 322 公里，宽约 40~177 公里，湖面面积 31,153 平方公里，总水量为 2,236 立方公里，平均深度是 72 米，最深处达 446 米。湖岸线长达 2,719 公里，集水区总面积有 114,717 平方公里。

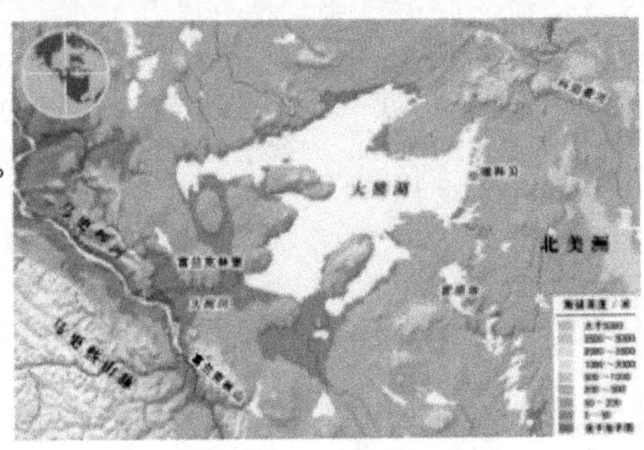

大熊湖好似一个真正的地中海，其长与宽包括了好几个纬度。湖的形状很不规则，中央部分由两个夹岬角扼住，北面扩开，像个三角形大喇叭。总体形状差不多是一张皮撑开、没有头的大反刍动物的兽皮。

大熊湖的水温在各个大湖中是最低的，一年中有 8~9 个月是封冻期，7 月中旬以后始可通航。大熊湖的支流不多，湖水向西经过大熊河流向麦肯锡河，由于气候严寒，大熊河附近很荒凉。

矿产

大熊湖的东岸有个雷钉港的居民点，曾经是加拿大有名的镭产区。20世纪初东岸地区发现沥青铀矿，1930年开始开采，从矿砂中提炼镭、铀，并有银、铜、钴、铅等副产品。埃科贝（镭锭港）为采矿中心，也是湖区最大居民点。

钻石

图腾港，位于大熊湖南的小镇，在一般的地图上，根本就无法找到它的位置。图腾港附近一带的峡谷，埋藏着一些晶莹闪烁的矿物，至少有二三十亿年的历史，人类给它起了一个名字：钻石。

植物

大熊湖岸边上并不缺绿色植物，已无积雪的山丘上分布着苏格兰松之类的含松脂的林木。这些树有40米高，提供了堡垒居民整个冬天的烤火木材。树木那长着柔软枝条的粗树干呈很有特色的浅灰色。

钻石：是指经过琢磨的金刚石，金刚石是一种天然矿物，是钻石的原石。

图 4-13 “大熊湖简介”效果图

中国传统节日　　第1页

二月二龙抬头的传说

二月二龙抬头，汉族民间传统节日农历二月二民谚，流行于全国多数地区；二月二在我国各地的风俗活动不同，又有花朝节、踏青节、挑菜节、春龙节、青龙节、龙抬头日之称。二月二又有关于龙抬头的诸多习俗，诸如撒灰引龙、扶龙、熏虫避蝎、剃龙头、忌针刺龙眼等节俗，故称龙抬头日。

民间传说着二月初一龙睁眼，二月初二龙抬头，二月初三龙出汗。在这个当口，家里主事的女人们，抢在二月初一的头里儿，为家里老老少少脱掉了一头的冬装忙碌。按照老礼儿，初一到初三不能做活儿，不能动用剪刀和针头线脑儿。善良的女人们，尤其是上了年纪的老太太，头几天儿就喊着嚷着，全家上上下下的人千万别动刀剪之物，甚至背着家里的老小，把忌讳的东西一堆儿的收了起来。

在我国北方，广泛地流传着这样的一个民间传说：

武则天称帝之后，大唐天下一夕姓武。武则天改国号为周，自称周武皇帝。这在中国封建史上是一次革命，妇女从“三从四德”的闺闱中走上至高无上的宝座，对封建传统无疑是一个震憾。传说中讲，武则天做天子，惹怒了玉皇大帝（中国五千年文明史，男人篡位合乎天理，女人却不行，连天帝也怒了。这实在可以看出男尊女卑是如何根深蒂固）。玉皇传命太白金星，叫他通知四海龙王，三年不得降雨人间，以示对武后的惩罚（群主和神祇们为了自己的尊严和利益，总是将无辜的百姓作为无谓的牺牲品。三年无雨，谁苦？百姓苦！能叫武后饿肚子吗？能叫权臣富豪饿肚子吗？）四海龙王按照玉帝的命令，不但庄稼保不住，老百姓吃水都有困难了。司管天河的玉龙见生灵涂炭，万民悲怆，动了恻隐之心，不顾玉帝的命令，决心拯救人间大众，在天河里喝足了水，布云施雨，普降甘霖。玉龙救了万民，但惹恼了玉帝。玉帝对龙说，待至金黄色豆开花，方放他出去。

天下百姓，感激玉龙拯救之恩，决心想法子救出玉龙，便约好天下各处人家，都在二月初二这天爆炒金黄的包谷米子。玉龙见此情景，灵机一动，向天呼叫太白金星，说：“金豆开花了，放我的时候到了，你还敢违抗玉帝圣旨不成？”太白金星阁下向人间一看，果然遍地金豆开花，于是信以为真。便放玉龙。此后，为了纪念敢于违抗天旨普救万民的玉龙，每逢二月二，人们就爆炒金豆。

民间传说，每逢农历二月初二，是天上主管云雨的龙王抬头的日子；从此以后，雨水会逐渐增多起来。因此，这天就叫“春龙节”。中国北方广泛的流传着“二月二，龙抬头；大仓满，小仓流。”的民谚。

[1] 武则天：中国历史上唯一一个正统的女皇帝。

图 4-14　“二月二龙抬头的传说”效果图

④ 设置分栏格式：将正文第 1 段和第 2 段设置为栏宽相等的三栏格式，不显示分隔线。

⑤ 设置边框(底纹)：设置正文的第 3 段添加 1.5 磅、浅蓝色、双实线边框，并为正文第 4 段和第 5 段填充浅绿色(RGB:214，227，188)底纹，为整个页面添加如样文所示的页面边框。

⑥ 插入图片：在样文所示位置插入素材图片，设置图片的高度为 5 厘米，宽度为 6.5 厘米，环绕方式为“四周型环绕”，并为图片添加“柔化边缘椭圆”的外观样式，并设置柔化边缘参数为“10 磅”。

⑦ 设置脚注(尾注/批注)：为正文第 4 段的“武则天”三字插入脚注“武则天：是中国历史上唯一一个正统的女皇帝。”

(4) 按图 4-15 所示利用图片、自选图形等来制作信封。

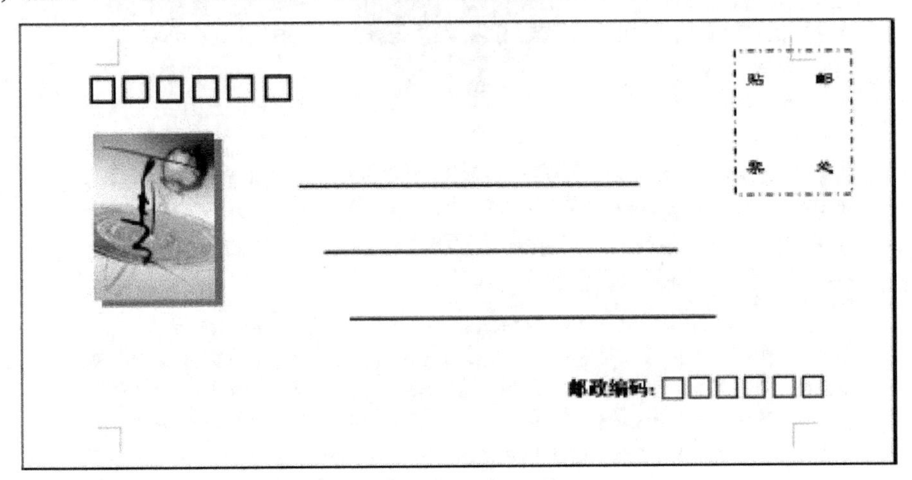

图 4-15 “信封”效果图

实训任务 4 长文档的编排

【实训目的】

(1) 掌握 Word 中样式的创建、修改和应用；

(2) 熟悉分隔符的类别和应用，掌握分节符的使用；

(3) 掌握 Word 中自动生成目录的方法；

(4) 掌握页眉和页脚的格式设置和使用，掌握页码的设置；

(5) 熟悉打印设置和打印操作。

【实训内容】

1. 参照样文和素材来排版毕业论文

(1) 封面中用到表格(虚框)。

(2) 目录自动生成。
(3) 目录中起始页码为 1。
(4) 正文中的编号要自动生成。
(5) 大、小标题用到样式。

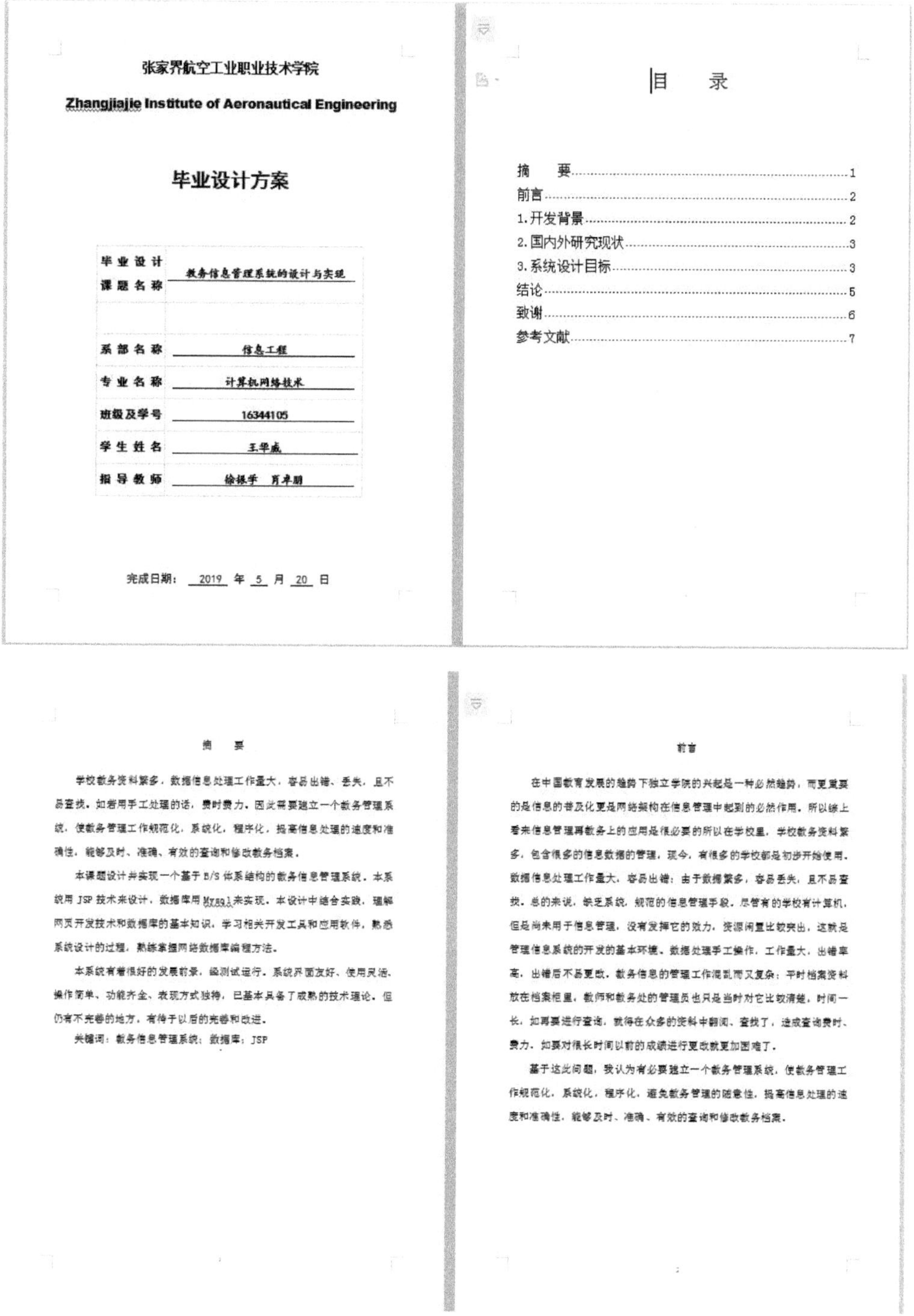

张家界航空工业职业技术学院

Zhangjiajie Institute of Aeronautical Engineering

毕业设计方案

毕业设计课题名称	教务信息管理系统的设计与实现
系部名称	信息工程
专业名称	计算机网络技术
班级及学号	16344105
学生姓名	王华威
指导教师	徐振宇　肖卓朋

完成日期：2019 年 5 月 20 日

目　　录

摘　要

学校教务资料繁多，数据信息处理工作量大，容易出错、丢失，且不易查找。如若用手工处理的话，费时费力。因此需要建立一个教务管理系统，使教务管理工作规范化，系统化，程序化，提高信息处理的速度和准确性，能够及时、准确、有效的查询和修改教务档案。

本课题设计并实现一个基于 B/S 体系结构的教务信息管理系统。本系统用 JSP 技术来设计，数据库用 Mysql 来实现。本设计中结合实践，理解网页开发技术和数据库的基本知识，学习相关开发工具和应用软件，熟悉系统设计的过程，熟练掌握网络数据库编程方法。

本系统有着很好的发展前景，经测试运行。系统界面友好、使用灵活、操作简单、功能齐全、表现方式独特，已基本具备了成熟的技术理论。但仍有不完善的地方，有待于以后的完善和改进。

关键词：教务信息管理系统；数据库；JSP

前言

在中国教育发展的趋势下独立学院的兴起是一种必然趋势，而更重要的是信息的普及化更是网络架构在信息管理中起到的必然作用。所以综上看来信息管理再教务上的应用是很必要的所以在学校里，学校教务资料繁多，包含很多的信息数据的管理，现今，有很多的学校都是初步开始使用，数据信息处理工作量大，容易出错；由于数据繁多，容易丢失，且不易查找。总的来说，缺乏系统，规范的信息管理手段。尽管有的学校有计算机，但是尚未用于信息管理，没有发挥它的效力，资源闲置比较突出，这就是管理信息系统的开发的基本环境。数据处理手工操作，工作量大，出错率高，出错后不易更改，教务信息的管理工作混乱而又复杂；平时档案资料放在档案柜里，教师和教务处的管理员也只是当时对它比较清楚，时间一长，如再要进行查询，就得在众多的资料中翻阅、查找了，造成查询费时、费力。如要对很长时间以前的成绩进行更改就更加困难了。

基于这些问题，我认为有必要建立一个教务管理系统，使教务管理工作规范化，系统化，程序化，避免教务管理的随意性，提高信息处理的速度和准确性，能够及时、准确、有效的查询和修改教务档案。

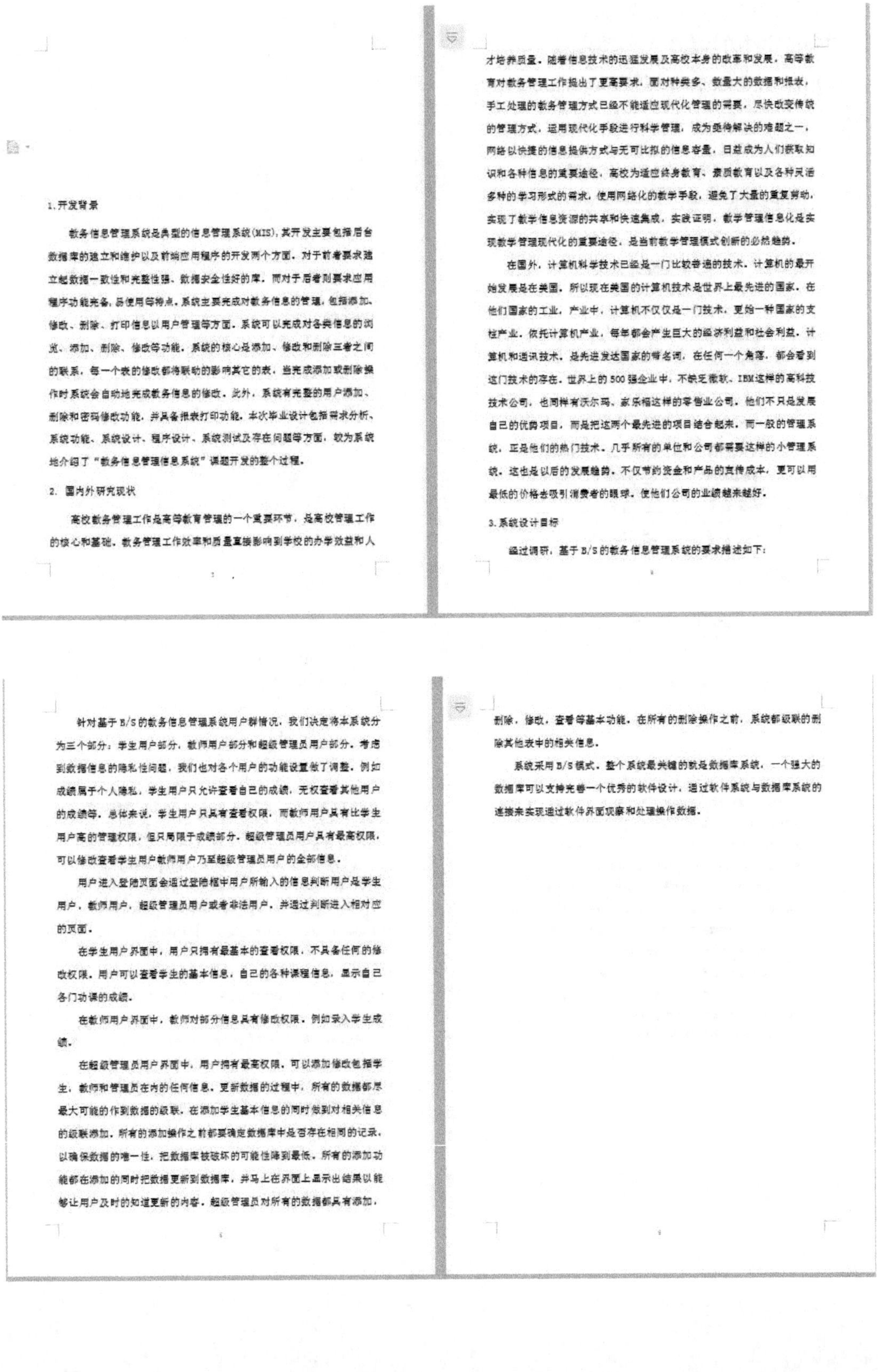

1.开发背景

教务信息管理系统是典型的信息管理系统(MIS)，其开发主要包括后台数据库的建立和维护以及前端应用程序的开发两个方面。对于前者要求建立起数据一致性和完整性强、数据安全性好的库。而对于后者则要求应用程序功能完备，易使用等特点。系统主要完成对教务信息的管理，包括添加、修改、删除、打印信息以用户管理等方面。系统可以完成对各类信息的浏览、添加、删除、修改等功能。系统的核心是添加、修改和删除三者之间的联系，每一个表的修改都将联动的影响其它的表，当完成添加或删除操作时系统会自动地完成教务信息的修改。此外，系统有完整的用户添加、删除和密码修改功能，并具备报表打印功能。本次毕业设计包括需求分析、系统功能、系统设计、程序设计、系统测试及存在问题等方面，较为系统地介绍了“教务信息管理信息系统”课题开发的整个过程。

2. 国内外研究现状

高校教务管理工作是高等教育管理的一个重要环节，是高校管理工作的核心和基础。教务管理工作效率和质量直接影响到学校的办学效益和人才培养质量。随着信息技术的迅猛发展及高校本身的改革和发展，高等教育对教务管理工作提出了更高要求。面对种类多、数量大的数据和报表，手工处理的教务管理方式已经不能适应现代化管理的需要，尽快改变传统的管理方式，运用现代化手段进行科学管理，成为亟待解决的难题之一，网络以快捷的信息提供方式与无可比拟的信息容量，日益成为人们获取知识和各种信息的重要途径，高校为适应终身教育、素质教育以及各种灵活多种的学习形式的需求，使用网络化的教学手段，避免了大量的重复劳动，实现了教学信息资源的共享和快速集成，实践证明，教学管理信息化是实现教学管理现代化的重要途径，是当前教学管理模式创新的必然趋势。

在国外，计算机科学技术已经是一门比较普遍的技术。计算机的最开始发展是在美国。所以现在美国的计算机技术是世界上最先进的国家。在他们国家的工业，产业中，计算机不仅仅是一门技术，更始一种国家的支柱产业。依托计算机产业，每年都会产生巨大的经济利益和社会利益。计算机和通讯技术，是先进发达国家的带名词，在任何一个角落，都会看到这门技术的存在。世界上的500强企业中，不缺乏微软、IBM这样的高科技技术公司，也同样有沃尔玛、家乐福这样的零售业公司。他们不只是发展自己的优势项目，而是把这两个最先进的项目结合起来。而一般的管理系统，正是他们的热门技术。几乎所有的单位和公司都需要这样的小管理系统。这也是以后的发展趋势。不仅节约资金和产品的宣传成本，更可以用最低的价格去吸引消费者的眼球。使他们公司的业绩越来越好。

3.系统设计目标

经过调研，基于B/S的教务信息管理系统的要求描述如下：

针对基于B/S的教务信息管理系统用户群情况，我们决定将本系统分为三个部分：学生用户部分，教师用户部分和超级管理员用户部分。考虑到数据信息的隐私性问题，我们也对各个用户的功能设置做了调整。例如成绩属于个人隐私，学生用户只允许查看自己的成绩，无权查看其他用户的成绩等。总体来说，学生用户只具有查看权限，而教师用户具有比学生用户高的管理权限，但只局限于成绩部分。超级管理员用户具有最高权限，可以修改查看学生用户教师用户乃至超级管理员用户的全部信息。

用户进入登陆页面会通过登陆框中用户所输入的信息判断用户是学生用户，教师用户，超级管理员用户或者非法用户，并通过判断进入相对应的页面。

在学生用户界面中，用户只拥有最基本的查看权限，不具备任何的修改权限。用户可以查看学生的基本信息，自己的各种课程信息，显示自己各门功课的成绩。

在教师用户界面中，教师对部分信息具有修改权限。例如录入学生成绩。

在超级管理员用户界面中，用户拥有最高权限，可以添加修改包括学生，教师和管理员在内的任何信息。更新数据的过程中，所有的数据都尽最大可能的作到数据的级联。在添加学生基本信息的同时做到对相关信息的级联添加。所有的添加操作之前都要确定数据库中是否存在相同的记录，以确保数据的唯一性，把数据库被破坏的可能性降到最低。所有的添加功能都在添加的同时把数据更新到数据库，并马上在界面上显示出结果以能够让用户及时的知道更新的内容。超级管理员对所有的数据都具有添加，删除，修改，查看等基本功能。在所有的删除操作之前，系统都级联的删除其他表中的相关信息。

系统采用B/S模式。整个系统最关键的就是数据库系统，一个强大的数据库可以支持完善一个优秀的软件设计，通过软件系统与数据库系统的连接来实现通过软件界面观察和处理操作数据。

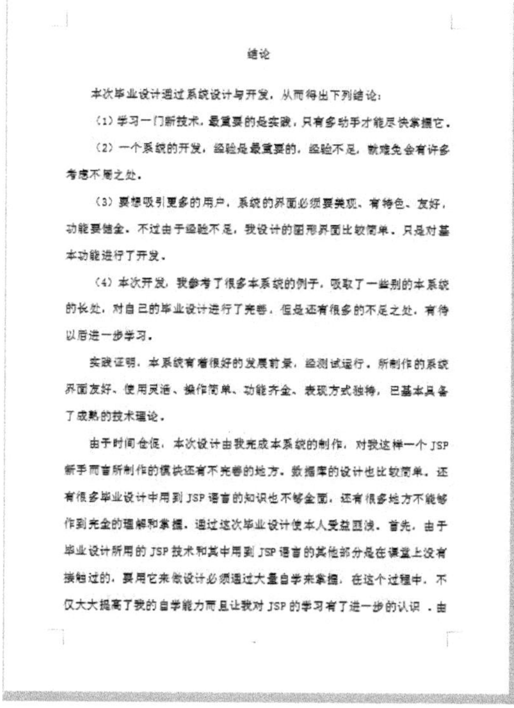

结论

本次毕业设计通过系统设计与开发，从而得出下列结论：

（1）学习一门新技术，最重要的是实践，只有多动手才能尽快掌握它。

（2）一个系统的开发，经验是最重要的，经验不足，就难免会有许多考虑不周之处。

（3）要想吸引更多的用户，系统的界面必须要美观、有特色、友好，功能要健全。不过由于经验不足，我设计的图形界面比较简单，只是对基本功能进行了开发。

（4）本次开发，我参考了很多本系统的例子，吸取了一些别的本系统的长处，对自己的毕业设计进行了完善，但是还有很多的不足之处，有待以后进一步学习。

实践证明，本系统有着很好的发展前景，经测试运行，所制作的系统界面友好、使用灵活、操作简单、功能齐全、表现方式独特，已基本具备了成熟的技术理论。

由于时间仓促，本次设计由我完成本系统的制作，对我这样一个 JSP 新手而言所制作的模块还有不完善的地方。数据库的设计也比较简单，还有很多毕业设计中用到 JSP 语言的知识也不够全面，还有很多地方不能够作到完全的理解和掌握。通过这次毕业设计使本人受益匪浅。首先，由于毕业设计所用的 JSP 技术和其中用到 JSP 语言的其他部分是在课堂上没有接触过的，要用它来做设计必须通过大量自学来掌握，在这个过程中，不仅大大提高了我的自学能力而且让我对 JSP 的学习有了进一步的认识 ．由于是独立完成在毕业设计的过程遇到了很多的困难，我求教了不少老师和同学，在这个过程中让我体会到了，一个团队的重要性。

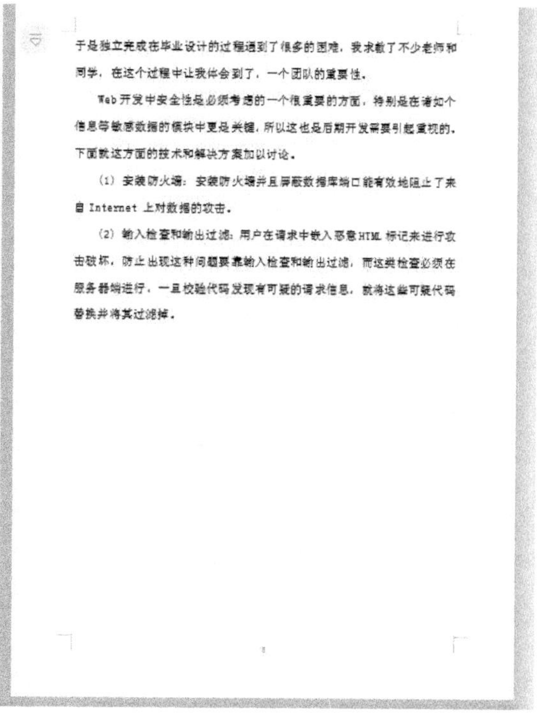

Web 开发中安全性是必须考虑的一个很重要的方面，特别是在诸如个信息等敏感数据的模块中更是关键，所以这也是后期开发需要引起重视的。下面就这方面的技术和解决方案加以讨论。

（1）安装防火墙：安装防火墙并且屏蔽数据库端口能有效地阻止了来自 Internet 上对数据的攻击。

（2）输入检查和输出过滤：用户在请求中嵌入恶意 HTML 标记来进行攻击破坏，防止出现这种问题要靠输入检查和输出过滤，而这类检查必须在服务器端进行，一旦校验代码发现有可疑的请求信息，就将这些可疑代码替换并将其过滤掉。

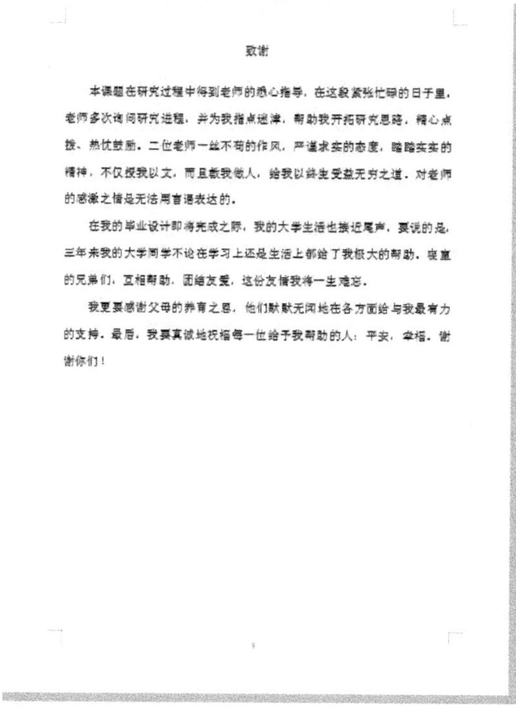

致谢

本课题在研究过程中得到老师的悉心指导，在这段紧张忙碌的日子里，老师多次询问研究进程，并为我指点迷津，帮助我开拓研究思路，精心点拨、热忱鼓励。二位老师一丝不苟的作风，严谨求实的态度，踏踏实实的精神，不仅授我以文，而且教我做人，给我以终生受益无穷之道。对老师的感激之情是无法用言语表达的。

在我的毕业设计即将完成之际，我的大学生活也接近尾声，要说的是，三年来我的大学同学不论在学习上还是生活上都给了我极大的帮助，寝室的兄弟们，互相帮助，团结友爱，这份友情我将一生难忘。

我更要感谢父母的养育之恩，他们默默无闻地在各方面给与我最有力的支持。最后，我要真诚地祝福每一位给予我帮助的人：平安，幸福。谢谢你们！

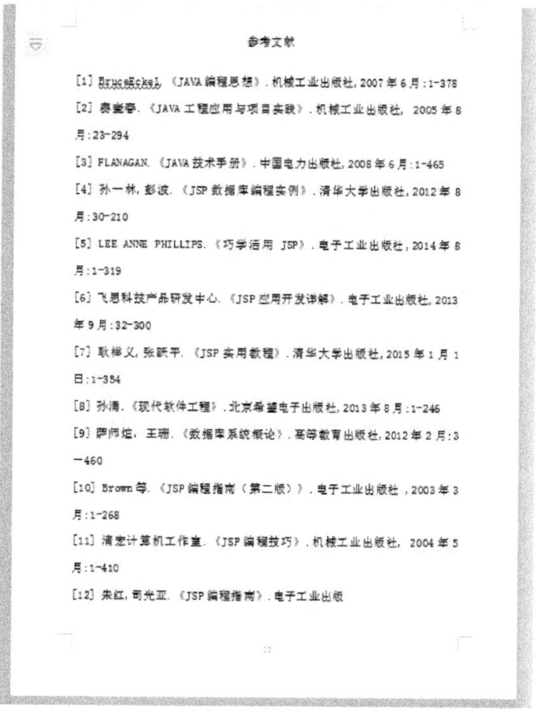

参考文献

[1] BruceEckel.《JAVA 编程思想》．机械工业出版社，2007 年 6 月：1-378
[2] 秦建春．《JAVA 工程应用与项目实践》．机械工业出版社，2005 年 8 月：23-294
[3] FLANAGAN.《JAVA 技术手册》．中国电力出版社，2008 年 6 月：1-465
[4] 孙一林，彭波．《JSP 数据库编程实例》．清华大学出版社，2012 年 8 月：30-210
[5] LEE ANNE PHILLIPS.《巧学活用 JSP》．电子工业出版社，2014 年 8 月：1-319
[6] 飞思科技产品研发中心．《JSP 应用开发详解》．电子工业出版社，2013 年 9 月：32-300
[7] 耿祥义，张跃平．《JSP 实用教程》．清华大学出版社，2015 年 1 月 1 日：1-354
[8] 孙涛．《现代软件工程》．北京希望电子出版社，2013 年 8 月：1-246
[9] 萨师煊，王珊．《数据库系统概论》．高等教育出版社，2012 年 2 月：3－460
[10] Brown 等．《JSP 编程指南（第二版）》．电子工业出版社，2003 年 3 月：1-268
[11] 清宏计算机工作室．《JSP 编程技巧》．机械工业出版社，2004 年 5 月：1-410
[12] 朱红，司光亚．《JSP 编程指南》．电子工业出版

2．参照样文和素材来排版“读者”杂志

2. 参照样文和素材来排版读者杂志

11

读 者 目 录

12

★卷首语

◇相遇

张定浩

米兰. 昆德拉有一本书叫《相遇》，这个名字很好，但他没写好，或者说，他只能写成这样。他讲的相遇，是电光、石大和偶然，好似两颗各自运转的行星在第三轨道的碰撞，在充盈着陌生感的新鲜天宇下，随之迸发出的生命热情和个体自由，构成了昆德拉坚持的现代美学

这种相遇，我想对于写作的人会是很好的激发，有幸感受时也应该珍惜，但真正能够打动我的，每每是另一种相遇

孔子有一次驾车出游，在路上遇到齐国的程本子，倾盖而语终日．要分手的时候，孔子想送点东西给程本子作为留念，便让随行的子路取一些束帛．子路有些不高兴，倒不是小气，只因为他觉得大家都是有身份的人，相互见面，应该像女子出嫁样，有人居中介绍，哪能在大马路上逮着了就聊个不停，临了还直接送人东西孔子回答他道夫《诗》不云乎！“野有蔓草，零露溥兮．有美人，清扬婉兮．邂相遇，适我愿兮．且夫齐程本子，天下贤士也．吾于是而不赠，终身不之见也．”

邂逅相遇，令人意外的是在此时此地遇见对方，自己想想也没做过什么努力；适我愿兮，是见到了心里一直描画和期待的人，不用去刻意调整自己．总之，不用耕耘，就有收获，这是多么高的境界．他们原本就“两相思，两不知”，现在见到了，自然要“邂两相亲”．汉代邹阳《狱中上梁王书》引“倾盖如故”的古谚，六朝谢灵运又有相逢既若旧”的句子，

13

再到张爱玲“你也在这里吗”的低语，几千年了，说的都是同样的意思，也还没有说够．

至于见到以后呢，除了送一点束帛，也没有想过要怎么样，而他们在相遇的那一刻，甚至都不知道怎么办才好，只能不停地讲话，还好那时候路上没有交警

(摘自华东师范大学出版社《既见君子》一书

★文　苑

◇观世音

雨是天亮之前下起来的，开始，雨水只是零敲碎打，尔后，伴随着雷声，渐渐就狂暴了起来．我摸黑起身关窗，顺便望了一眼陷落在雨水与黑暗里的邯郸城，在闪电的光照下，邯郸城几乎变作魔幻电影里主人公必须攻克的最后堡垒，近处，我所栖身的这家红梅旅馆所在的破败长街上，好几个婴儿被雷声惊醒，扯着嗓子哇哇大哭起来．在雨中，所有的人就这么熬到了黎明时分．

黎明到来，尽管昏暗的天光看上去和黄昏并没有什么不同，但是，几家早点铺子还是早早生起了火，显然，这么大的雨，我所在的剧组今天是无法出门开工了，于是，每日清晨司空见惯的喧嚷并没有出现．

14

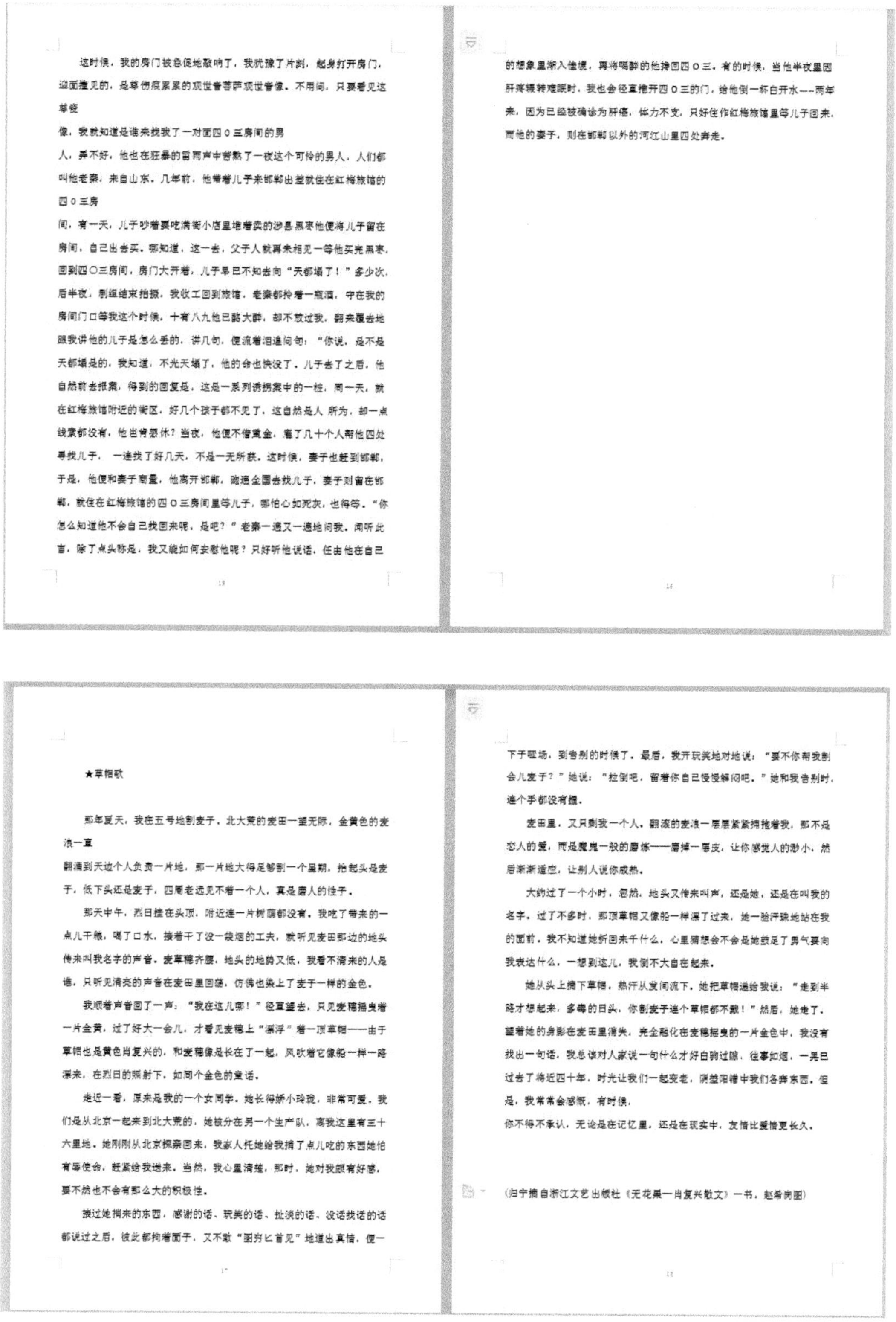

这时候，我的房门被急促地敲响了，我犹豫了片刻，起身打开房门，迎面撞见的，是尊伤痕累累的观世音菩萨观世音像。不用问，只要看见这尊佼

像，我就知道是谁来找我了一对面四０三房间的男

人，弄不好，他也在狂暴的雷雨声中苦熬了一夜这个可怜的男人，人们都叫他老秦，来自山东，几年前，他带着儿子来邯郸出差就住在红梅旅馆的四０三房

间，有一天，儿子吵着要吃满街小店里堆着卖的涉县黑枣他便将儿子留在房间，自己出去买，哪知道，这一去，父子人就再未相见一等他买完黑枣，回到四〇三房间，房门大开着，儿子早已不知去向“天都塌了！”多少次，后半夜，剧组结束拍摄，我收工回到旅馆，老秦都拎着一瓶酒，守在我的房间门口等我这个时候，十有八九他已酩大醉，却不放过我，翻来覆去地跟我讲他的儿子是怎么丢的，讲几句，便流着泪追问句：“你说，是不是天都塌是的，我知道，不光天塌了，他的命也快没了．儿子丢了之后，他自然前去报案，得到的回复是，这是一系列诱拐案中的一桩，同一天，就在红梅旅馆附近的街区，好几个孩子都不见了，这自然是人 所为，却一点线索都没有，他岂肯罢休？当夜，他便不惜重金，雇了几十个人帮他四处寻找儿子，　一连找了好几天，不是一无所获。这时候，妻子也赶到邯郸，于是，他便和妻子商量，他离开邯郸，跑遍全国去找儿子，妻子则留在邯郸，就住在红梅旅馆的四０三房间里等儿子，哪怕心如死灰，也得等。“你怎么知道他不会自己找回来呢，是吧？”老秦一遍又一遍地问我。闻听此言，除了点头称是，我又能如何安慰他呢？只好听他说话，任由他在自己

的想象里渐入佳境，再将喝醉的他搀回四０三。有的时候，当他半夜里因肝疼辗转难眠时，我也会径直推开四０三的门，给他倒一杯白开水---两年来，因为已经被确诊为肝癌，体力不支，只好住作红梅旅馆里等儿子回来，而他的妻子，则在邯郸以外的河江山里四处奔走。

★草帽歌

那年夏天，我在五号地割麦子，北大荒的麦田一望无际，金黄色的麦浪一直

翻涌到天边个人负责一片地，那一片地大得足够割一个星期，抬起头是麦子，低下头还是麦子，四周老远见不着一个人，真是磨人的性子。

那天中午，烈日挂在头顶，附近连一片树荫都没有。我吃了带来的一点儿干粮，喝了口水，接着干了没一袋烟的工夫，就听见麦田那边的地头传来叫我名字的声音。麦草穗齐腰，地头的地势又低，我看不清来的人是谁，只听见清亮的声音在麦田里回荡，仿佛也染上了麦子一样的金色。

我顺着声音回了一声：“我在这儿哪！”径直望去，只见麦穗摇曳着一片金黄，过了好大一会儿，才看见麦穗上“漂浮”着一顶草帽——由于草帽也是黄色肖复兴的，和麦穗像是长在了一起，风吹着它像船一样一路漂来，在烈日的照射下，如同个金色的童话。

走近一看，原来是我的一个女同学。她长得娇小玲珑，非常可爱。我们是从北京一起来到北大荒的，她被分在另一个生产队，离我这里有三十六里地。她刚刚从北京探亲回来，我家人托她给我捎了点儿吃的东西她怕有辱使命，赶紧给我送来。当然，我心里清楚，那时，她对我颇有好感，要不然也不会有那么大的积极性。

接过她捎来的东西，感谢的话、玩笑的话、扯淡的话、没话找话的话都说过之后，彼此都拘着面子，又不敢“图穷匕首见”地道出真情，便一下子哑场，到告别的时候了。最后，我开玩笑地对她说：“要不你帮我割会儿麦子？”她说：“拉倒吧，留着你自己慢慢解闷吧。”她和我告别时，连个手都没有握。

麦田里，又只剩我一个人。翻滚的麦浪一层层紧紧拥抱着我，那不是恋人的爱，而是魔鬼一般的磨炼——磨掉一层皮，让你感觉人的渺小，然后渐渐适应，让别人说你成熟。

大约过了一个小时，忽然，地头又传来叫声，还是她，还是在叫我的名字，过了不多时，那顶草帽又像船一样漂了过来，她一脸汗珠地站在我的面前。我不知道她折回来干什么，心里猜想会不会是她鼓足了勇气要向我表达什么，一想到这儿，我倒不大自在起来。

她从头上摘下草帽，热汗从发间流下。她把草帽递给我说：“走到半路才想起来，多毒的日头，你割麦子连个草帽都不戴！”然后，她走了．望着她的身影在麦田里消失，完全融化在麦穗摇曳的一片金色中，我没有找出一句话，我总该对人家说一句什么才好白驹过隙，往事如烟，一晃已过去了将近四十年，时光让我们一起变老，阴差阳错中我们各奔东西。但是，我常常会感慨，有时候，

你不得不承认，无论是在记忆里，还是在现实中，友情比爱情更长久。

(归宁摘自浙江文艺出版社《无花果—肖复兴散文》一书，赵希岗图)

实训任务 5　邮件合并练习

【实训目的】

(1) 掌握各种数据源的制作方法；
(2) 掌握邮件合并工具的使用。

【实训内容】

1. 制作准考证

(1) 创建主文档如图 4-16 所示，并保存为“主文档.docx”。
(2) 在 Word 中创建数据源如图 4-17 所示，保存为“数据源.docx”。
(3) 在适当位置插入合并域“考号”“姓名”“级别”“场次”和“考试时间”等。
(4) 将邮件合并到新文档，并将结果保存为“准考证.docx”。

全国计算机等级考试
准考证

考号：　　级别：
考生：　　性别：
专业：　　年级：
场次：　　考室：
考试时间：

图 4-16　“主文档.docx”图

姓名	性别	考号	专业	年级	级别	场次	考室	考试时间
张田	男	1010199030	计算机	01	1	1	101	25 日上午
李乐	男	1010199030	英语	02	2	2	102	25 日上午
赵阳	女	1010199030	食品	01	1	2	103	25 日上午
陈东	女	1010199030	计算机	02	1	1	104	25 日上午
…	…	…	…	…	…	…	…	…

图 4-17　“数据源.docx”图

2. 制作新生录取通知书

(1) 创建主文档如图 4-18 所示，并保存为“主文档.docx”。

新生录取通知书

同学：

你已被我院 系 专业正式录取，报名时请带上你的准考证和学费 元，务必在8月25日前到校报道！

××职业技术学院招生办 2008-8-15

图 4-18 “主文档.docx”图

(2) 在 Excel 中创建数据源如图 4-19 所示，保存为“数据源.xlsx”。

	A	B	C	D
1	姓名	系别	专业	学费
2	刘春	计算机系	计算机网络	5200
3	龙波	科学系	计算机图形图像	5200
4	彭哲文	科学系	食品营养	5200
5	唐山	商贸旅游系	英语	5200
6	王志	艺术系	室内设计	5200
7	伍田	计算机系	计算机网络	5200
8	周照	商贸旅游系	英语	5200
9	刘思	计算机系	计算机图形图像	5200
10	杨利华	计算机系	计算机图形图像	5200
11	李晶	计算机系	计算机网络	5200

图 4-19 “数据源.xlsx”图

(3) 在适当位置插入合并域“姓名”“系别”“专业”和“学费”。

(4) 将邮件合并到新文档，并将结果保存为“新生录取通知书.docx”。

实训任务6　拓 展 训 练

【实训目的】

(1) 掌握公式编辑器的使用；

(2) 掌握组织结构图的制作方法；

(3) 掌握手工目录的制作方法；

(4) 了解其他拓展操作。

【实训内容】

1. 制作数学公式

(1) 新建 Word 空白文档，命名为“公式.docx”。

(2) 按照图 4-20 所示的效果制作数学公式。

$$f(x)=\frac{1}{2\pi\sigma}\mathrm{e}^{\frac{(x-\mu)^2}{2\sigma^3}}$$

$$\frac{-b\pm\sqrt{b^2-4ac}}{2a}$$

$$f(x)=\int_0^{\infty}x^n\mathrm{e}^{-ax}\mathrm{d}x=\frac{n!}{a^{n+1}}$$

图 4-20　公式

2. 绘制组织结构图

完成以下两个组织结构图的绘制，制作效果如图 4-21、图 4-22 所示。

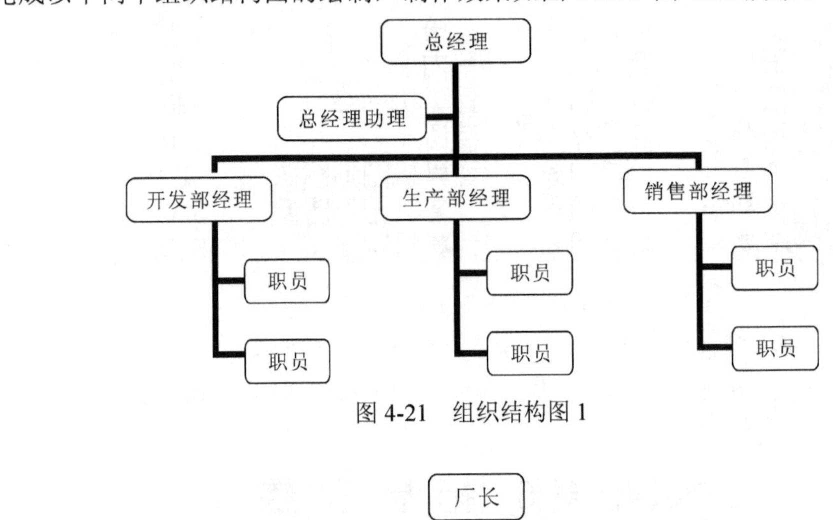

图 4-21　组织结构图 1

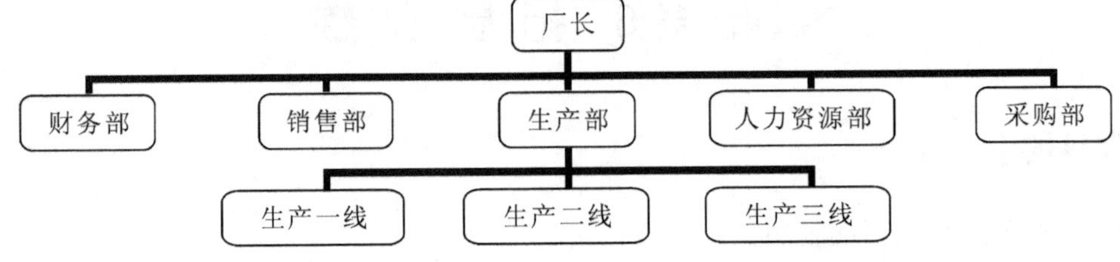

图 4-22　组织结构图 2

使用以下两种方法绘制如图 4-21、图 4-22 所示的组织结构图。

(1) 方法一：使用菜单命令【插入】→【图示】，绘制组织结构图。

(2) 方法二：单击“绘图”工具栏上的“插入组织结构图或其他图示”工具按钮，在“选择图示类型”对话框中选择“组织结构图”。

3. 制作手工目录

利用多级项目编号和制表位来制作手工目录，如图 4-23 所示。要求编号自动生成，省略号自动生成，页码右对齐。

手工目录

第1章	文件管理	19
1.1	启动“资源管理器”	20
1.2	了解“资源管理器”窗口	21
1.3	查看文件夹	21
1.3.1	选定当前驱动器和文件夹	22
1.3.2	改变文件图标的显示方式	23
1.3.3	改变文件的排列顺序	25
1.4	管理文件和文件夹	30
第2章	文件管理	19
2.1	启动“资源管理器”	20
2.2	了解“资源管理器”窗口	21
2.3	查看文件夹	21
2.3.1	选定当前驱动器和文件夹	22
2.3.2	改变文件图标的显示方式	23
2.3.3	改变文件的排列顺序	25
2.4	管理文件和文件夹	30

图 4-23 手工目录

4. 利用表格与文本转换、查找与替换等工具对网上下载文章进行处理

(1) 将文章外面的表格、底纹去掉。

(2) 利用查找与替换将文章中的全、半角空格清除，将括号外边的顿号清除，将手动换行符替换成回车符。

实训任务 7 高 级 操 作

【实训目的】

掌握 Word 中的相关高级操作。

【实训内容】

1. 对文档 A2.docx 的操作

打开文档 A2.docx 做如下操作，效果如图 4.24 所示。

(1) 设置页边距上下各 4.2 厘米、左右各 3.3 厘米；为文档插入“危险性”页眉，左侧录入页眉标题为“环保漫谈”，右侧插入页码“第 1 页”，字体均为“方正姚体、小四”，并设置页眉边界 2.5 厘米。

(2) 为页面添加“1.5 磅、蓝色、双实线”的页面边框，并设置边框与文字的距离上下左右均为“15 磅”。

(3) 设置页面的背景色为“玫瑰红色(RGB：242，219，219)”。

(4) 在文档 A2.docx 中启动文档保护，仅允许对文档进行“填写窗体”操作，密码为“123”。

(5) 在文档 A2.docx 结尾处插入“矩阵”SmartArt 图形，设置该图形的布局为“带标

题的矩阵”，更改颜色为“彩色范围—强调文字颜色 3 至 4”，并应用三维效果下“优雅”的外观样式；录入相应文本内容，并设置字体为“华文中宋、20 磅”。

(6) 为文档 A2.docx 创建“参考资料”文字水印，字体为“华文中宋、66 磅、紫色、半透明”，版式为“水平”。

环保浸谈　　第 1 页

保护湿地改善环境

湿地是指一年中至少有一段时间为潮湿或水涝的地区，其水深一般不超过 6 米，包括沼泽、泥炭地、滩涂和沼泽群落等。历史上北京有许多湿地，如“海淀”二字，即有“泉水丰茂，沼泽遍布”的含义。但随着城市的发展，大量湿地被改造、填埋，至今北京已没有严格意义的天然湿地了。湿地的丧失，是城市越来越酷热、越来越干旱的原因之一。

湿地含有丰沛水量，比陆地具有更大的比热，高温吸热，低温放热，从而调节气温，减小温差；同时，湿地是区域水循环的重要环节，雨季可以调蓄洪水，降低洪峰，并及时补充地下水，旱季可以增大蒸发，增加降水，从而减少旱、涝灾害。

湿地由动植物、微生物、土壤、水体以及砂砾基质组成，它们之间的生物、物理、化学作用使湿地成为天然的“空气净化器”和“污水处理厂”。大面积湿地可以直接吸附空气中的浮尘、细菌和有害气体，与降水、径流带来的尘土及有害物质一起沉滞于基质，从而起到净化空气的作用。

参考资料

湿地为野生动植物提供良好的栖息地，以维持它们正常的繁衍，是天然的物种基因库；湿地提供丰富的水产品，出产泥炭、水电，可用于适度旅游开发，具有很高的经济价值；此外湿地还具有科研与景观价值。

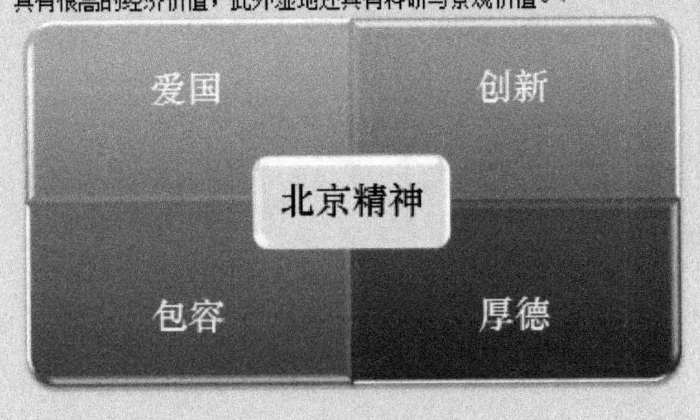

图 4-24　“文档 A2.docx”效果图

2. 对文档 A3.docx 的操作

打开文档 A3.docx 做如下操作，效果如图 4.25 所示。

多媒体的知识

佚名

多媒体是计算机和视频技术的结合，实际上它是两种媒体，即声音和图像，或者用现在的术语，即声音和电视。多媒体本身有两个方面，像所有现代技术一样，它由硬件和软件组成，或者是机器和思想的混合体，多来媒体技术和功能在概念上可分为控制系统和信息系统。

多媒体电脑需要具有比主流电脑更强的能力，多媒体电脑决定了主流电脑的发展。区别普通电脑和多媒体电脑的主要是声卡和只读光盘驱动器。光盘是多媒体的主要存储和交换媒体。

在计算机和通信领域，我们所指的信息的正文、图形、声音、图像、动画，都可以称为媒体。从计算机和通信设备处理信息的角度来看，我们可以将自然界和人类社会原始信息存在的数据、文字、有声的语言、音响、绘画、动画、图像（静态的照片和动态的电影、电视和录像）等，归结为三种最基本的媒体：声、图、文。

多媒体技术有以下几个主要特点：

1.集成性：能够对信息进行多通道统一获取、存储、组织与合成。

2.控制性：多媒体技术是以计算机为中心,综合处理和控制多媒体信息,并按人的要求以多种媒体形式表现出来，同时作用于人的多种感官。

3.交互性：交互性是多媒体应用有别于传统信息交流媒体的主要特点之一。传统信息交流媒体只能单向地、被动地传播信息，而多媒体技术则可以实现人对信息的主动选择和控制。

4.非线性：多媒体技术的非线性特点将改变人们传统循序性的读写模式。以往人们读写方式大都采用章、节、页的框架，循序渐进地获取知识，而多媒体技术将借助超文本链接的方法，把内容以一种更灵活、更具变化的方式呈现给读者。

5.实时性：当用户给出操作命令时,相应的多媒体信息都能够得到实时控制。

6.互动性：多媒体技术可以形成人与机器、人与人及机器间的互动，互相交流的操作环境及身临其境的场景，人们根据需要进行控制。人机相互交流是多媒体最大的特点。

图 4-25　“文档 A3.docx”效果图

(1) 打开文档 A3.docx，将文档中第 1 行的样式设置为“文章标题”，第 2 行的样式设置为“标题注释”。

(2) 将文档 A3.docx 的前三个段落套用模板文件 DOTX3.dotx 中“正文段落”的样式。

(3) 以正文为样式基准，对“重点正文”样式进行修改：字体为“仿宋_GB2312”，字号为“小四”，字形为“加粗”；为文本填充预设颜色中“熊熊火焰”效果，方向为“线性向下”；更改行距为固定值 18 磅，自动更新对当前样式的改动，并将该样式应用于正文第四段。

(4) 对“项目符号”样式进行修改：字体为“方正姚体”，文字颜色为“深红色”，项目符号为“☺”，并将改动后的该样式应用于正文第 5~10 段。

(5) 以正文为样式基准，新建样式命名为“段落样式 1”，设置字体为“华文细黑”，字号为“小四”，文字颜色为“深蓝色”，行距固定值为 18 磅，段前、段后间距均为 0.5 行，并将该样式应用于正文的最后两个段落。

3. 对文档 KS8.docx 的操作

打开文档 KS8.docx 做如下操作：

(1) 将文档 KS8.docx 创建为一级主控文档，把“第十五章 总结”下的内容创建为子文档，并锁定子文档的链接，效果如图 4-26 所示。

- PhotoShop 教案
  - 第一章 初识 PhotoShop
  - 第二章 选区工具的使用。
  - 第三章 路径工具的使用
  - 第四章 常用绘图工具的使用
  - 第五章 初识图层
  - 第六章 图像色彩和色调控制
  - 第七章 图层详解
  - 第八章 蒙版的使用
  - 第九章 滤镜的使用
  - 第十章 综合案例——邮票
  - 第十一章 综合案例——人物
  - 第十二章 通道的使用
  - 第十三章 综合案例——几种常用字效果
  - 第十四章 综合案例——图层字
  - 第十五章 总结

图 4-26 主控文档与子文档图

(2) 在“第三章 路径工具的使用”位置处插入书签“考试内容”，以名称作为排序依据，并隐藏书签。

(3) 为文档插入“对比度”的封面，设置封面标题为“PhotoShop 教案”，字体为“华文行楷”，字号为“50”磅，并添加“蓝色，5ptd 发光，强调文字颜色 1”的文本效果，效果如图 4-27 所示。

图 4-27 “PhotoShop 教案”封面

实训项目五　Excel 2010

实训任务 1　制作学生成绩表

【实训目的】

(1) 掌握 Excel 的启动与退出；

(2) 熟悉 Excel 的工作界面；

(3) 掌握工作簿的创建与保存、工作表的相关操作。

【实训内容】

制作学生成绩表。

(1) 启动 Excel 2010，新建一个工作簿文件，将文件保存在“E:\EXCEL\实训项 1”文件夹中，命名为“学生成绩表.xlsx”。

(2) 在 Sheet1 工作表中输入数据，如图 5-1 所示。

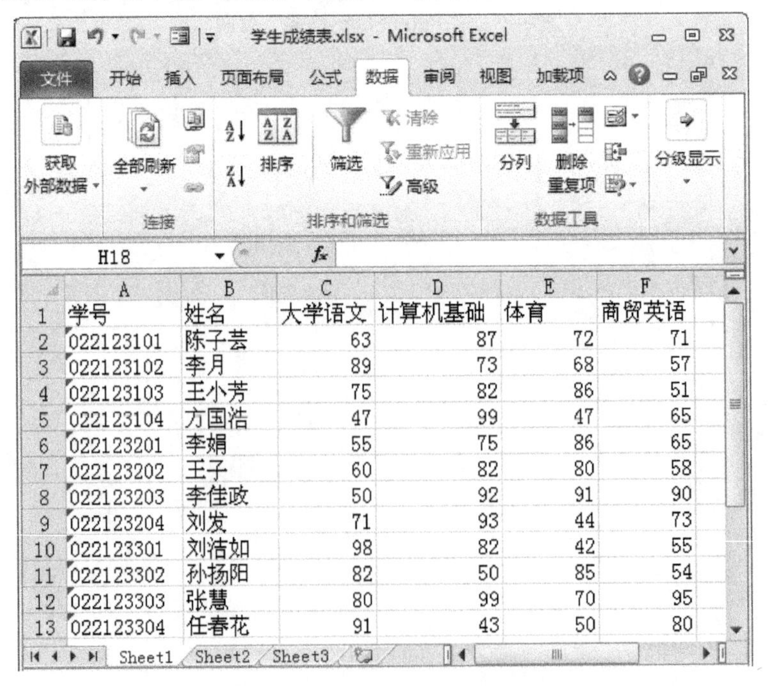

学号	姓名	大学语文	计算机基础	体育	商贸英语
022123101	陈子芸	63	87	72	71
022123102	李月	89	73	68	57
022123103	王小芳	75	82	86	51
022123104	方国浩	47	99	47	65
022123201	李娟	55	75	86	65
022123202	王子	60	82	80	58
022123203	李佳政	50	92	91	90
022123204	刘发	71	93	44	73
022123301	刘浩如	98	82	42	55
022123302	孙扬阳	82	50	85	54
022123303	张慧	80	99	70	95
022123304	任春花	91	43	50	80

图 5-1　学生成绩表输入数据图

(3) 复制 Sheet1 工作表，将复制的工作表重新命名为“学生成绩表”并移至最后。

(4) 交换“学生成绩表”中的第 2、3 行，交换“学生成绩表”中的第 C、D 列，效果如图 5-2 所示。

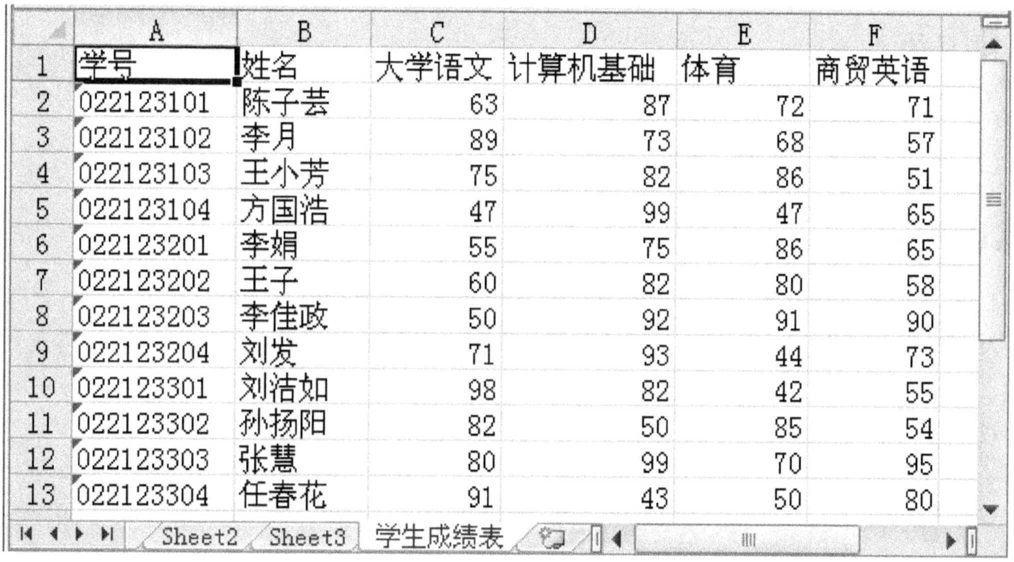

	A	B	C	D	E	F
1	学号	姓名	大学语文	计算机基础	体育	商贸英语
2	022123101	陈子芸	63	87	72	71
3	022123102	李月	89	73	68	57
4	022123103	王小芳	75	82	86	51
5	022123104	方国浩	47	99	47	65
6	022123201	李娟	55	75	86	65
7	022123202	王子	60	82	80	58
8	022123203	李佳政	50	92	91	90
9	022123204	刘发	71	93	44	73
10	022123301	刘洁如	98	82	42	55
11	022123302	孙扬阳	82	50	85	54
12	022123303	张慧	80	99	70	95
13	022123304	任春花	91	43	50	80

Sheet2 Sheet3 学生成绩表

图 5-2 学生成绩表效果图 1

(5) 插入批注：给学生成绩表中方国浩的姓名后加一个批注“补考成绩”，给张慧的姓名后加一个批注“缓考成绩”，如图 5-3 所示。

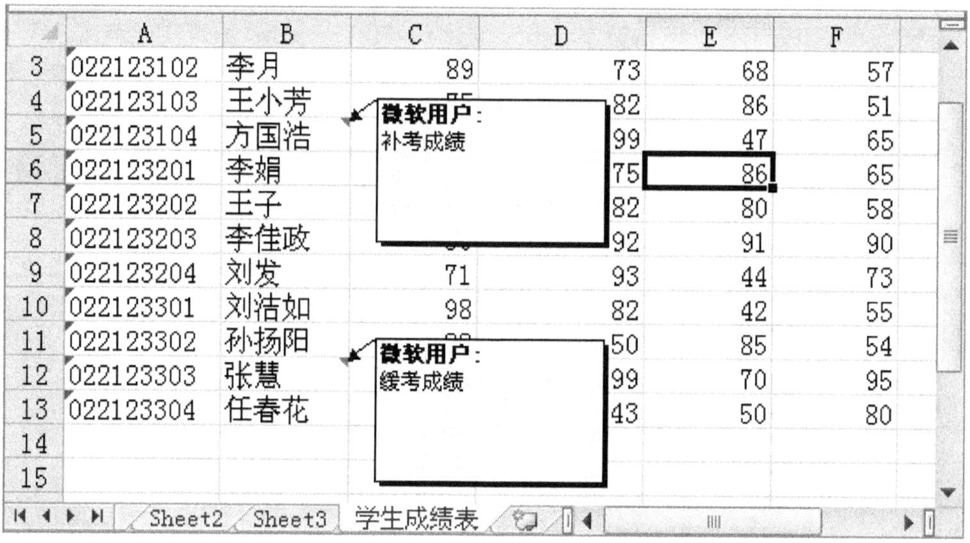

	A	B	C	D	E	F
3	022123102	李月	89	73	68	57
4	022123103	王小芳		82	86	51
5	022123104	方国浩（批注：微软用户: 补考成绩）		99	47	65
6	022123201	李娟		75	86	65
7	022123202	王子		82	80	58
8	022123203	李佳政		92	91	90
9	022123204	刘发	71	93	44	73
10	022123301	刘洁如	98	82	42	55
11	022123302	孙扬阳		50	85	54
12	022123303	张慧（批注：微软用户: 缓考成绩）		99	70	95
13	022123304	任春花		43	50	80
14						
15						

Sheet2 Sheet3 学生成绩表

图 5-3 学生成绩表效果图 2

(6) 保存工作簿，并另存一份到 D 盘下。

实训任务 2　制作学生基本信息表

【实训目的】

(1) 掌握 Excel 工作表的编辑操作；

(2) 掌握 Excel 工作表的格式化操作。

【实训内容】

制作学生基本信息表。

(1) 启动 Excel 2010，新建一个工作簿文件，保存在“E:\EXCEL\实训项 1”文件夹中，命名为“学生基本信息表.xlsx”。

(2) 在 Sheet1 工作表中输入数据，并将 Sheet1 工作表命名为“学生基本信息表”，如图 5-4 所示。

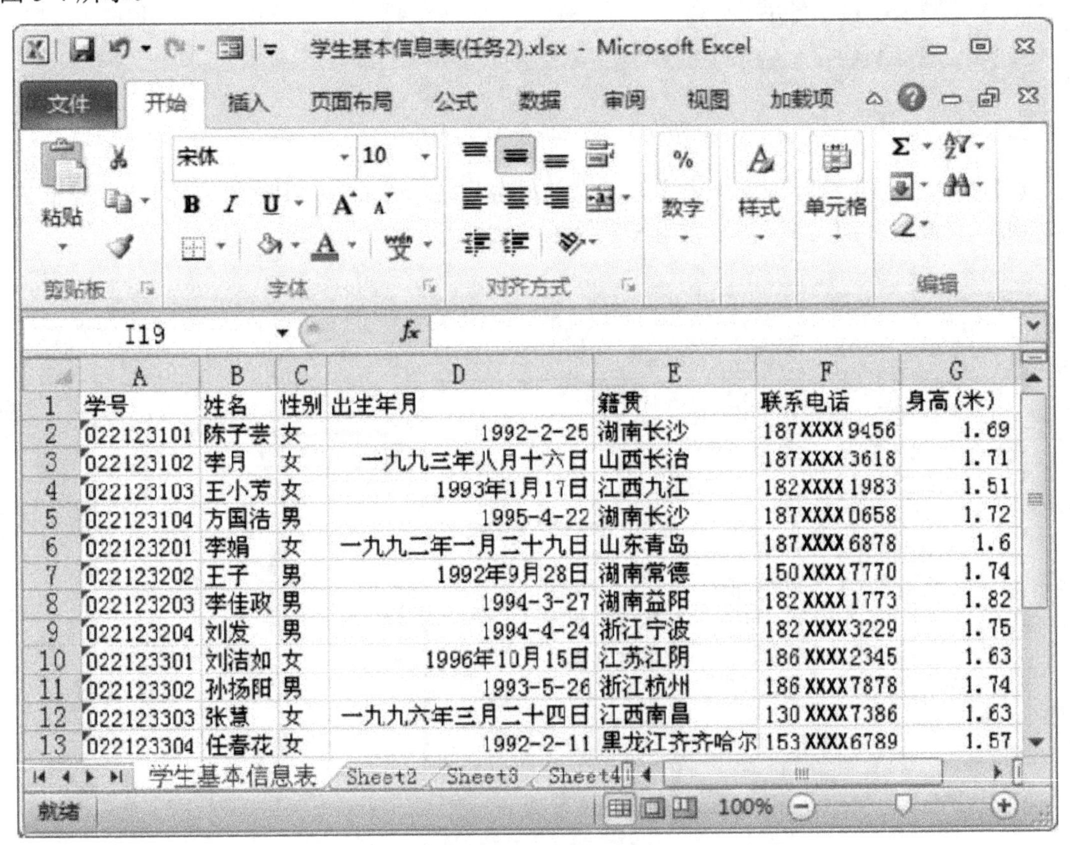

学号	姓名	性别	出生年月	籍贯	联系电话	身高(米)
022123101	陈子芸	女	1992-2-25	湖南长沙	187XXXX9456	1.69
022123102	李月	女	一九九三年八月十六日	山西长治	187XXXX3618	1.71
022123103	王小芳	女	1993年1月17日	江西九江	182XXXX1983	1.51
022123104	方国浩	男	1995-4-22	湖南长沙	187XXXX0658	1.72
022123201	李娟	女	一九九二年一月二十九日	山东青岛	187XXXX6878	1.6
022123202	王子	男	1992年9月28日	湖南常德	150XXXX7770	1.74
022123203	李佳政	男	1994-3-27	湖南益阳	182XXXX1773	1.82
022123204	刘发	男	1994-4-24	浙江宁波	182XXXX3229	1.75
022123301	刘洁如	女	1996年10月15日	江苏江阴	186XXXX2345	1.63
022123302	孙扬阳	男	1993-5-26	浙江杭州	186XXXX7878	1.74
022123303	张慧	女	一九九六年三月二十四日	江西南昌	130XXXX7386	1.63
022123304	任春花	女	1992-2-11	黑龙江齐齐哈尔	153XXXX6789	1.57

图 5-4　学生基本信息表输入数据图

(3) 在 Sheet3 工作表后添加一份新工作表 Sheet4，将“学生基本信息表”工作表内的内容复制到 Sheet4 工作表中，如图 5-5 所示。

	A	B	C	D	E	F	G
1	学号	姓名	性别	出生年月	籍贯	联系电话	身高(米)
2	022123101	陈子芸	女	1992-2-25	湖南长沙	187XXXX9456	1.69
3	022123102	李月	女	一九九三年八月十六日	山西长治	187XXXX3618	1.71
4	022123103	王小芳	女	1993年1月17日	江西九江	182XXXX1983	1.51
5	022123104	方国浩	男	1995-4-22	湖南长沙	187XXXX0658	1.72
6	022123201	李娟	女	一九九二年一月二十九日	山东青岛	187XXXX6878	1.6
7	022123202	王子	男	1992年9月28日	湖南常德	150XXXX7770	1.74
8	022123203	李佳政	男	1994-3-27	湖南益阳	182XXXX1773	1.82
9	022123204	刘发	男	1994-4-24	浙江宁波	182XXXX3229	1.75
10	022123301	刘洁如	女	1996年10月15日	江苏江阴	186XXXX2345	1.63
11	022123302	孙扬阳	男	1993-5-26	浙江杭州	186XXXX7878	1.74
12	022123303	张慧	女	一九九六年三月二十四日	江西南昌	130XXXX7386	1.63
13	022123304	任春花	女	1992-2-11	黑龙江齐齐哈尔	153XXXX6789	1.57

学生基本信息表　Sheet2　Sheet3　Sheet4

图 5-5　学生基本信息表效果图 1

(4) 在 Sheet4 工作表的第一行前面插入一行，在插入的行中输入标题“学生基本信息表”。 将标题行合并居中(水平居中、垂直居中)，将第 G 列数据居中。

(5) 将标题栏的行高设置为“28”，数据部分的行高设置为“20”，将“性别”列的列宽设置为“9”。

(6) 在第 G 列后插入一列，输入“基本工资”的数据，调整列宽为适合的宽度。

(7) 将“出生年月”列的数据设置为日期型数据，如图 5-6 所示。

	A	B	C	D	E	F	G	H
1	学生基本信息表							
2	学号	姓名	性别	出生年月	籍贯	联系电话	身高(米)	基本工资
3	022123101	陈子芸	女	一九九二年二月二十五日	湖南长沙	187XXXX9456	1.69	3200
4	022123102	李月	女	一九九三年八月十六日	山西长治	187XXXX3618	1.71	5600
5	022123103	王小芳	女	一九九三年一月十七日	江西九江	182XXXX1983	1.51	5800
6	022123104	方国浩	男	一九九五年四月二十二日	湖南长沙	187XXXX0658	1.72	2600
7	022123201	李娟	女	一九九二年一月二十九日	山东青岛	187XXXX6878	1.6	3800
8	022123202	王子	男	一九九二年九月二十八日	湖南常德	150XXXX7770	1.74	2600
9	022123203	李佳政	男	一九九四年三月二十七日	湖南益阳	182XXXX1773	1.82	2200
10	022123204	刘发	男	一九九四年四月二十四日	浙江宁波	182XXXX3229	1.75	2550
11	022123301	刘洁如	女	一九九六年十月十五日	江苏江阴	186XXXX2345	1.63	4200
12	022123302	孙扬阳	男	一九九三年五月二十六日	浙江杭州	186XXXX7878	1.74	2900
13	022123303	张慧	女	一九九六年三月二十四日	江西南昌	130XXXX7386	1.63	3300
14	022123304	任春花	女	一九九二年二月十一日	黑龙江齐齐哈尔	153XXXX6789	1.57	4100

学生基本信息表　Sheet2　Sheet3　Sheet4

图 5-6　学生基本信息表效果图 2

(8) 将“基本工资”设置为货币型数据，保留两位小数；并设置为水平居中对齐，垂直两端对齐。

(9) 设置条件格式：将 Sheet4 工作表中身高低于 1 米 6(包括 1 米 6)的数据用红色、加双下划线、倾斜、12.5%灰色图案来标注，身高高于 1 米 6 的数据用蓝色、加粗倾斜来标注，如图 5-7 所示。

	A	B	C	D	E	F	G	H
1	学生基本信息表							
2	学号	姓名	性别	出生年月	籍贯	联系电话	身高(米)	基本工资
3	022123101	陈子芸	女	一九九二年二月二十五日	湖南长沙	187XXXX9456	1.69	¥3,200.00
4	022123102	李月	女	一九九三年八月十六日	山西长治	187XXXX3618	1.71	¥5,600.00
5	022123103	王小芳	女	一九九三年一月十七日	江西九江	182XXXX1983	[illegible]	¥5,800.00
6	022123104	方国浩	男	一九九五年四月二十二日	湖南长沙	187XXXX0658	1.72	¥2,600.00
7	022123201	李娟	女	一九九二年一月二十九日	山东青岛	187XXXX6878	[illegible]	¥3,800.00
8	022123202	王子	男	一九九二年九月二十八日	湖南常德	150XXXX7770	1.74	¥2,600.00
9	022123203	李佳政	男	一九九四年三月二十七日	湖南益阳	182XXXX1773	1.82	¥2,200.00
10	022123204	刘发	男	一九九四年四月二十四日	浙江宁波	182XXXX3229	1.75	¥2,550.00
11	022123301	刘洁如	女	一九九六年十月十五日	江苏江阴	186XXXX2345	1.63	¥4,200.00
12	022123302	孙扬阳	男	一九九三年五月二十六日	浙江杭州	186XXXX7878	1.74	¥2,900.00
13	022123303	张慧	女	一九九六年三月二十四日	江西南昌	130XXXX7386	1.63	¥3,300.00
14	022123304	任春花	女	一九九二年二月十一日	黑龙江齐齐哈尔	153XXXX6789	[illegible]	¥4,100.00

学生基本信息表 / Sheet2 / Sheet3 / Sheet4

图 5-7　学生基本信息表效果图 3

(10) 在 Sheet4 工作表中设置数字格式：将“身高(米)”列数据保留 1 位小数。

(11) 在 Sheet4 工作表中设置字体格式：将标题字体设置为“楷体、加粗倾斜、深蓝色、22 磅”，其他的文字字体设置为“宋体、14 磅”。

(12) 在 Sheet4 工作表中设置表格边框和底纹：为表格添加深红色边框，外框为粗线、内框为双线。为标题行添加背景颜色为“紫色，强调文字颜色 4，淡色 60%”；为列标题添加背景颜色，值为 R: 255、G: 255、B: 212，6.25%灰色图案。

(13) 保存工作簿。实例任务 2 学生基本信息表制作最终效果如图 5-8 所示。

	A	B	C	D	E	F	G	H
1	学生基本信息表							
2	学号	姓名	性别	出生年月	籍贯	联系电话	身高(米)	基本工资
3	022123101	陈子芸	女	一九九二年二月二十五日	湖南长沙	187XXXX9456	1.7	¥3,200.00
4	022123102	李月	女	一九九三年八月十六日	山西长治	187XXXX3618	1.7	¥5,600.00
5	022123103	王小芳	女	一九九三年一月十七日	江西九江	182XXXX1983	[illegible]	¥5,800.00
6	022123104	方国浩	男	一九九五年四月二十二日	湖南长沙	187XXXX0658	1.7	¥2,600.00
7	022123201	李娟	女	一九九二年一月二十九日	山东青岛	187XXXX6878	[illegible]	¥3,800.00
8	022123202	王子	男	一九九二年九月二十八日	湖南常德	150XXXX7770	1.7	¥2,600.00
9	022123203	李佳政	男	一九九四年三月二十七日	湖南益阳	182XXXX1773	1.8	¥2,200.00
10	022123204	刘发	男	一九九四年四月二十四日	浙江宁波	182XXXX3229	1.8	¥2,550.00
11	022123301	刘洁如	女	一九九六年十月十五日	江苏江阴	186XXXX2345	1.6	¥4,200.00
12	022123302	孙扬阳	男	一九九三年五月二十六日	浙江杭州	186XXXX7878	1.7	¥2,900.00
13	022123303	张慧	女	一九九六年三月二十四日	江西南昌	130XXXX7386	1.6	¥3,300.00
14	022123304	任春花	女	一九九二年二月十一日	黑龙江齐齐哈尔	153XXXX6789	[illegible]	¥4,100.00

学生基本信息表 / Sheet2 / Sheet3 / Sheet4

图 5-8　学生基本信息表最终效果图

实训任务 3　学生基本信息表进行打印输出设置

【实训目的】

掌握 Excel 表格打印输出操作：

(1) 掌握 Excel 工作表“页面设置”的相关设置；

(2) 掌握 Excel 工作表中页眉页脚的设置；

(3) 使用“打印预览”查看并调整打印效果。

【实训内容】

(1) 打开实训任务 2 已完成的工作簿“学生基本信息表.xlsx”。

(2) 在“页面设置”中设置纸张为 A4，打印缩放比例为 100%，横向打印。页边距上下左右分别为 3.5 cm、1.5 cm、1.9 cm、1.9 cm，页眉页脚距离均为 1.3 cm。

(3) 调整为 1 页宽、1 页高输出。

(4) 设置打印网格线。

(5) 在“页面设置”中设置页眉内容为“学生基本信息表”；自定义页脚：左边内容为页码，右边为日期。

(6) 通过“打印预览”查看打印效果，打印效果如图 5-9 所示。

学生信息表

学生基本信息表							
学号	姓名	性别	出生年月	籍贯	联系电话	身高(米)	基本工资
022123101	陈子芸	女	一九九二年二月二十五日	湖南长沙	187XXXX9456	1.7	¥3,200.00
022123102	李月	女	一九九三年八月十六日	山西长治	187XXXX3618	1.7	¥5,600.00
022123103	王小芳	女	一九九三年一月十七日	江西九江	182XXXX1983	1.5	¥5,800.00
022123104	方国浩	男	一九九五年四月二十二日	湖南长沙	187XXXX0658	1.7	¥2,600.00
022123201	李娟	女	一九九二年一月二十九日	山东青岛	187XXXX6878	[illegible]	¥3,800.00
022123202	王子	男	一九九二年九月二十八日	湖南常德	150XXXX7770	1.7	¥2,600.00
022123203	李佳政	男	一九九四年三月二十七日	湖南益阳	182XXXX1773	1.8	¥2,200.00
022123204	刘发	男	一九九四年四月二十四日	浙江宁波	182XXXX3229	1.8	¥2,550.00
022123301	刘洁如	女	一九九六年十月十五日	江苏江阴	186XXXX2345	1.6	¥4,200.00
022123302	孙扬阳	男	一九九三年五月二十六日	浙江杭州	186XXXX7878	1.7	¥2,900.00
022123303	张慧	女	一九九六年三月二十四日	江西南昌	130XXXX7386	1.6	¥3,300.00
022123304	任春花	女	一九九二年二月十一日	黑龙江齐齐哈尔	153XXXX6789	1.4	¥4,100.00

1

图 5-9　学生基本信息表打印效果图

实训任务 4　学生成绩表的计算

【实训目的】

(1) 掌握常见运算符的使用；

(2) 掌握一些常用函数的使用；

(3) 学会利用“函数参数”对话框中的函数参数提示信息来使用一些不太常见的函数。

【实训内容】

对实训任务 1 中制作的学生成绩表进行计算。

(1) 打开“学生成绩表.xlsx”，并对表格按要求进行计算，如图 5-10 所示。

B	C	D	E	F	G	H
姓名	大学语文	计算机基础	体育	商贸英语	总分	平均分
陈子芸	63	87	72	71	293	73
李月	89	73	68	57	287	72
王小芳	75	82	86	51	294	74
方国浩	47	99	47	65	258	65
李娟	55	75	86	65	281	70
王子	60	82	80	58	280	70
李佳政	50	92	91	90	323	81
刘发	71	93	44	73	281	70
刘洁如	98	82	42	55	277	69
孙扬阳	82	50	85	54	271	68
张慧	80	99	70	95	344	86
任春花	91	43	50	80	264	66
最高分						
最低分						
总人数						
不及格人数						

图 5-10　学生成绩表

(2) 添加“总分”“平均分”和“总评”列，增加“最高分”“最低分”“总人数”以及“不及格人数”行，如图 5-10 所示。

(3) 计算“总分”“平均分”列数据。

(4) 分别计算“数学”“英语”“计算机”三门课的“平均分”“最高分”“最低分”“总人数”以及“不及格人数”。

(5) 计算“总评”列数据。总评：平均分≥90，优秀；平均分≥80，良好；平均分≥60，合格；否则不合格。

(6) 计算排名。

(7) 保存工作簿。学生成绩表的计算结果如图 5-11 所示。

姓名	大学语文	计算机基础	体育	商贸英语	总分	平均分	总评	排名
陈子芸	63	87	72	71	293	73	合格	4
李月	89	73	68	57	287	72	合格	5
王小芳	75	82	86	51	294	74	合格	3
方国浩	47	99	47	65	258	65	合格	12
李娟	55	75	86	65	281	70	合格	6
王子	60	82	80	58	280	70	合格	8
李佳政	50	92	91	90	323	81	良好	2
刘发	71	93	44	73	281	70	合格	6
刘洁如	98	82	42	55	277	69	合格	9
孙扬阳	82	50	85	54	271	68	合格	10
张慧	80	99	70	95	344	86	良好	1
任春花	91	43	50	80	264	66	合格	11
最高分	98	99	91	95	344	86		
最低分	47	43	42	51	258	64.5		
总人数	12							
不及格人数	3	2	4	5				

图 5-11　“学生成绩表”的计算结果

实训任务 5　员工销售业绩表的计算

【实训目的】

(1) 掌握常用函数的使用；
(2) 掌握函数的复制。

【实训内容】

打开“员工销售业绩表.xlsx”，并对表格按要求进行计算。
(1) 插入一列“折扣”，若单价≥1000 折扣为 5%，否则为 3%。
(2) 插入一列“销售金额”，计算“销售金额”的值。
(3) 在“员工销售业绩表”中，利用 SUMIF 函数计算“徐哲平”销售代表的销售金额。
(4) 保存工作簿。员工销售业绩表的计算结果如图 5-12 所示。

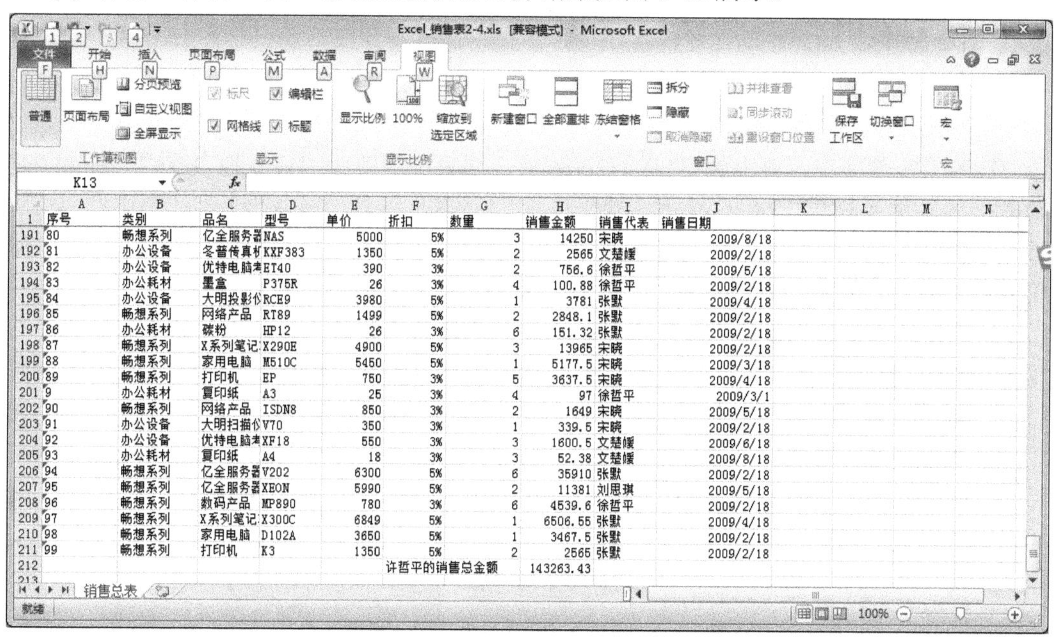

	A	B	C	D	E	F	G	H	I	J
1	序号	类别	品名	型号	单价	折扣	数量	销售金额	销售代表	销售日期
191	80	畅想系列	亿全服务器	NAS	5000	5%	3	14250	宋晓	2009/8/18
192	81	办公设备	冬普传真机	KXF383	1350	5%	2	2565	文楚媛	2009/2/18
193	82	办公设备	优特电脑考	ET40	390	3%	2	756.6	徐哲平	2009/5/18
194	83	办公耗材	墨盒	P375R	26	3%	4	100.88	徐哲平	2009/2/18
195	84	办公设备	大明投影仪	RCE9	3980	5%	1	3781	张默	2009/4/18
196	85	畅想系列	网络产品	RT89	1499	5%	2	2848.1	张默	2009/2/18
197	86	办公耗材	碳粉	HP12	26	3%	6	151.32	张默	2009/2/18
198	87	畅想系列	X系列笔记	X290E	4900	5%	3	13965	宋晓	2009/2/18
199	88	畅想系列	家用电脑	M510C	5450	5%	1	5177.5	宋晓	2009/3/18
200	89	畅想系列	打印机	EP	750	3%	5	3637.5	宋晓	2009/4/18
201	9	办公耗材	复印纸	A3	25	3%	4	97	徐哲平	2009/3/1
202	90	畅想系列	网络产品	ISDN8	850	3%	2	1649	宋晓	2009/5/18
203	91	办公设备	大明扫描仪	V70	350	3%	1	339.5	宋晓	2009/2/18
204	92	办公设备	优特电脑考	XF18	550	3%	3	1600.5	文楚媛	2009/6/18
205	93	办公耗材	复印纸	A4	18	3%	3	52.38	文楚媛	2009/8/18
206	94	畅想系列	亿全服务器	V202	6300	5%	6	35910	张默	2009/2/18
207	95	畅想系列	亿全服务器	XEON	5990	5%	2	11381	刘思琪	2009/5/18
208	96	畅想系列	数码产品	MP890	780	3%	6	4539.6	徐哲平	2009/2/18
209	97	畅想系列	X系列笔记	X300C	6849	5%	1	6506.55	张默	2009/4/18
210	98	畅想系列	家用电脑	D102A	3650	5%	1	3467.5	张默	2009/2/18
211	99	畅想系列	打印机	K3	1350	5%	2	2565	张默	2009/2/18
212						许哲平的销售总金额		143263.43		

图 5-12　“员工年度绩效考核表”的计算结果图

实训任务 6　学生成绩表图表制作

【实训目的】

(1) 掌握图表的创建；

(2) 掌握图表的编辑和格式化。

【实训内容】

1. 创建表格

(1) 打开“E1.xlsx”文件如图 5-13 所示。

(2) 打开 E1.xlsx 文件，插入 Sheet5、Sheet6、Sheet7 工作表，将“学生成绩表”数据表复制到 Sheet5、Sheet6、Sheet7 中。

	A	B	C	D	E	F	G	H	I
1	学号	姓名	性别	捐款	高等数学	大学英语	计算机基础	总分	总评
2	1	王大伟	男	20	78	80	90	248	
3	2	李博	男	18	89	86	80	255	
4	3	成小霞	女	20	79	75	86	240	
5	4	马红军	男	20	90	92	88	270	优秀
6	5	李梅	女	18	96	95	97	288	优秀
7	6	丁一平	男	30	69	74	79	222	
8	7	张姗姗	女	20	54	66	44	164	
9	8	刘亚萍	女	20	72	79	80	231	

图 5-13　E1.xlsx

2. 图表制作

(1) 在 Sheet5 中，对前五名学生的三门课程成绩，创建“三维簇状柱形图”图表，标题为“学生成绩表”。

(2) 将该图表移动、放大到 B11: H26 区域，图表类型改为“簇状圆柱图”。删除“高等数学”的数据系列。

(3) 设定“计算机基础”系列显示数据值，数据标志大小为“16 号、上标”效果；“计算机基础系列”颜色改为“绿色”，并移到“大学英语”系列之前。

(4) 设定图表文字大小为“12”磅；标题文字字体为“隶书、加粗、14 磅、单下划线”。添加分类轴标题“姓名”，“加粗”；添加数值轴标题“分数”，“粗体、12 号、-45 度方向”。

(5) 设定图表边框为“黑色 2 磅粗实线，圆角”；背景墙颜色为“水绿色”单色填充效果；三位格式顶端的宽度及高度分别设置为“4 磅”；图例位置靠右，文字大小为“9 磅”。

(6) 将数值轴的主要刻度改为 10，字体大小为“8 磅”。操作结果如图 5-14 所示。

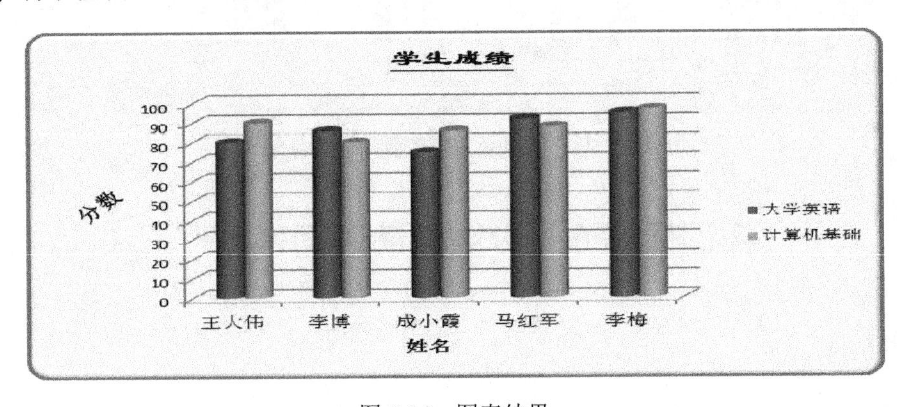

图 5-14　图表结果

【拓展练习】

(1) 新建工作簿，输入如图 5-15 所示的数据，利用相关函数计算学生总评成绩，再根据总评成绩给出其“及格”或者“不及格”的结论，并以“总评.xlsx”为名保存至相应的文件夹中。

要求：总评 = 平时 × 20% + 作业 × 10% + 期中 × 30% + 期末 × 40%；

结论：如果总评≥60，则为“及格”，否则为“不及格”(利用 IF( )函数)。

	A	B	C	D	E	F	G	H
1	学号	姓名	平时	作业	期中	期末	总评	结论
2	0521301	陈　阳	95	89	71	58		
3	0521302	王明光	87	78	87	78		
4	0521303	徐　霞	91	95	97	89		
5	0521304	高成杰	78	88	86	79		
6	0521305	王　光	75	90	78	89		

图 5-15　“总评”工作表

(2) 打开工作表 Excel01.xlsx 进行以下操作：

① 在表中“编号”后插入“科室代号”和“科室”列，在“基本工资”后插入“补贴”列、在“水电”前插入“应发工资”列。

② 用函数计算每个职工的“补贴”，计算方法：助讲的补贴为 50 元，讲师的补贴为 70 元，副教授的补贴为 90 元，教授的补贴 110 元(提示：用 IF 函数的嵌套)。

③ 计算：应发工资 = 基本工资 + 补贴，实发工资 = 应发工资 – 水电费。

④ 用 SUM()、AVERAGE()函数统计基本工资、水电费、补贴和应发工资的合计与平均。

⑤ 用函数求出“水电费”的最高值和最低值。

⑥ 用函数从“编号”中获得每个职工的“科室代号”，即“编号”中的首字母，用 Left 函数来算。

⑦ 用函数从“科室代号”中获得每个职工的“科室”，用 IF 函数来算，计算方法：A——基础室，B——计算机室，C——电子室。

提示：IF(B2="A","基础室",IF(B2="B","计算机室","电子室"))

⑧ 用函数(COUNT)统计总人数。

⑨ 用函数(COUNTIF)分别统计出教授与副教授两种职称的人数。

⑩ 用函数(SUMIF)分别统计出教授与副教授两种职称的实发工资之和。

实训任务 7　学生基本信息表的管理

【实训目的】

(1) 了解 Excel 数据管理方法；

(2) 掌握 Excel 数据简单排序和复杂排序的操作方法；

(3) 掌握 Excel 数据自动筛选和高级筛选的操作方法；

(4) 掌握 Excel 数据分类汇总操作方法；

(5) 掌握 Excel 数据透视表和数据透视图；

(6) 了解合并计算操作方法。

【实训内容】

利用 Excel 的排序、筛选、分类汇总、数据透视表等进行数据管理与统计。

打开“学生基本信息表.xlsx”文件，另存为“学生基本信息表_TJ.xlsx”，对该文件进行如下操作：

(1) 对工作表“学生基本信息表”进行如下操作：

① 在“姓名”列前插入“班级”列。

② 利用 IF、Left 函数从“学号”列的前 7 位获取每位学生所在班级。其中 0221231 —— 电子 1231，0221232 —— 电子 1232，0221233 —— 电子 1233。

③ 设置出生年月列为“2012-1-1”的日期格式。

④ 调整行高和列宽为合适高度和宽度。

⑤ 复制到工作表 Sheet2、Sheet3、Sheet4、Sheet5、Sheet6、Sheet7 工作表中。

(2) 在 Sheet2 工作表中，按性别升序排序，性别相同按身高降序排序。设置男生记录为浅黄色底纹。

(3) 在 Sheet3 工作表中，筛选出身高在前 2 名的男生记录，筛选结果如图 5-16 所示。

	A	B	C	D	E	F	G	H
1	学号	班级	姓名	性别	出生年月	籍贯	联系电话	身高(米
8	022123203	电子1232	李佳政	男	1994-3-27	湖南益阳	182XXXX1773	1.82
9	022123204	电子1232	刘发	男	1994-4-24	浙江宁波	182XXXX3229	1.75

图 5-16　“身高在前 2 名的男生记录”筛选结果

(4) 在 Sheet4 工作表中，筛选 1994 年和 1995 年出生的长沙学生记录，筛选结果如图 5-17 所示。

	A	B	C	D	E	F	G	H
1	学号	班级	姓名	性别	出生年月	籍贯	联系电话	身高(米
5	022123104	电子1231	方国浩	男	1995-4-22	湖南长沙	187XXXX0658	1.72

图 5-17　“1994 年和 1995 年出生的长沙学生记录”筛选结果

(5) 在 Sheet5 工作表中，按班级分类汇总，统计各班人数和平均身高，并按图 5-18 所示级别显示。

	A	B	C	D	E	F	G	H
1	学号	班级	姓名	性别	出生年月	籍贯	联系电话	身高(米)
6		**电子1231 平均值**						1.6575
7	**电子1231 计数**	4						
12		**电子1232 平均值**						1.7275
13	**电子1232 计数**	4						
18		**电子1233 平均值**						1.6425
19	**电子1233 计数**	4						
20		**总计平均值**						1.675833
21	**总计数**	14						

图 5-18　分类汇总结果

(6) 参照图 5-19 在现有工作表的 A18 单元格为 Sheet6 工作表创建数据透视表。

行标签	列标签 男	女	总计
电子1231			
计数项:学号	1	3	4
平均值项:身高(米)	1.72	1.636666667	1.6575
电子1232			
计数项:学号	3	1	4
平均值项:身高(米)	1.77	1.6	1.7275
电子1233			
计数项:学号	1	3	4
平均值项:身高(米)	1.74	1.61	1.6425
计数项:学号汇总	**5**	**7**	**12**
平均值项:身高(米)汇总	**1.754**	**1.62**	**1.675833333**

图 5-19 “学生基本信息表”的数据透视表结果

(7) 对工作表“Sheet7”进行如下操作：

① 复制“性别”和“身高”列数据到本工作表的 A16 单元格。

② 在 D18 单元格完成 A16:A28 的数据合并，要求得到男女各自的平均身高。

【Excel 综合应用(一)】

打开“城市大气污染物监测数据.xlsx”文件，另存为“城市大气污染物监测数据_TJ.xlsx”，复制工作表“大气污染监测数据总表”到 Sheet1、Sheet2、Sheet3、Sheet4、Sheet5、Sheet6、Sheet7、Sheet8 工作表中，完成下列操作。

(1) 对工作表 Sheet1 进行如下操作：

① 在“项目”列后插入“监测点及项目”列，填入该列数据(提示：该列数据是“监测点”列与“项目”列数据的合并)。

② 在“监测点及项目”列前插入空列，将“监测点及项目”列数据选择性粘贴到新插入的空列，要求只粘贴数值，之后删除原“监测点及项目”列。

③ 删除“监测点”列和“项目”列。

④ 按“监测点及项目”列降序排序，相同时按“月份”列升序排列。

(2) 对工作表 Sheet2 进行如下操作：

① 筛选出 2 月份火车站及天台山庄的监测数据。

② 在最后一张表后创建新工作表，更名为“2 月份监测数据”，将上步得到的筛选数据的 D～N 列复制到该工作表中。

③ 取消第(1)步的筛选结果，重新筛选出 3 月和 4 月火车站及天台山庄的监测数据。

④ 在最后一张表后创建新工作表，更名为“3～4 月份监测数据”，将上步得到的筛选数据的 D～N 列复制到该工作表中。

(3) 对工作表 Sheet3 进行如下操作：

① 在原数据区筛选出 2～4 月份市四中的监测数据。

② 在最后一张工作后创建工作表“市四中监测数据处理”，将筛选结果的第 B 列、D～N 列数据转置粘贴到该工作表中。

③ 对工作表“市四中监测数据处理”进行如下处理：

- 数据表各行行高和各列列宽以适合高度和宽度调整；设置所有单元格中部居中。

• 设置表格外边线框为中等粗细，内线框为细线；第 1～2 行和第 1 列背景图案为“灰色-25%”。

• 参照工作表“标准值”中提供的数据，分别将“二氧化氮”“二氧化硫”“可吸入颗粒物”三种污染物没达到“优”的监测数据以红底黄字、倾斜加粗的形式标注出来，最后结果如图 5-20 所示。

	A	B	C	D	E	F	G	H	I	J
1	月份	2月	2月	2月	3月	3月	3月	4月	4月	4月
2	项目	二氧化氮	二氧化硫	可吸入颗粒物	二氧化氮	二氧化硫	可吸入颗粒物	二氧化氮	二氧化硫	可吸入颗粒物
3	1日	0.034	0.055	0.124	0.023	0.028	0.019	0.054	0.047	0.086
4	2日	0.04	0.053	0.106	0.029	0.04	0.034	0.062	0.049	0.106
5	3日	0.03	0.074	0.196	0.035	0.043	0.049	0.027	0.016	0.075
6	4日	0.026	0.028	0.078	0.035	0.043	0.049	0.02	0.013	0.041
7	5日	0.039	0.062	0.173	0.048	0.069	0.066	0.024	0.019	0.044
8	6日	0.029	0.023	0.061	0.023	0.017	0.026	0.046	0.04	0.084
9	7日	0.044	0.027	0.099	0.025	0.044	0.043	0.022	0.022	0.065
10	8日	0.047	0.022	0.06	0.033	0.041	0.046	0.038	0.023	0.082
11	9日	0.045	0.019	0.123	0.048	0.073	0.047	0.047	0.047	0.114
12	10日	0.024	0.009	0.067	0.06	0.081	0.155	0.039	0.042	0.082

图 5-20 污染物监测数据分析(没达到“优”的数据)图

(4) 在工作表 Sheet4 中，按“项目”分类汇总，统计 2、4、6、8、10 日污染数据平均值。

(5) 参照图 5-21 对工作表 Sheet5 创建透视表，透视表在新的工作表中。

(6) 对工作表“2 月份监测数据”和“3～4 月份监测数据”两张工作表中的数据进行合并计算，要求在“2 月份监测数据”工作的 A10 单元格显示各类项目 1～10 日的监测数据均值。

(7) 在工作表“2 月份监测数据”中，对上步产生的合并数据参照图 5-22 创建“二氧化氮”和“可吸入颗粒物”的监测数据折线图(注意：数据轴的起始值、主要刻度及数据点的位置，X 轴文字旋转了 45°)。

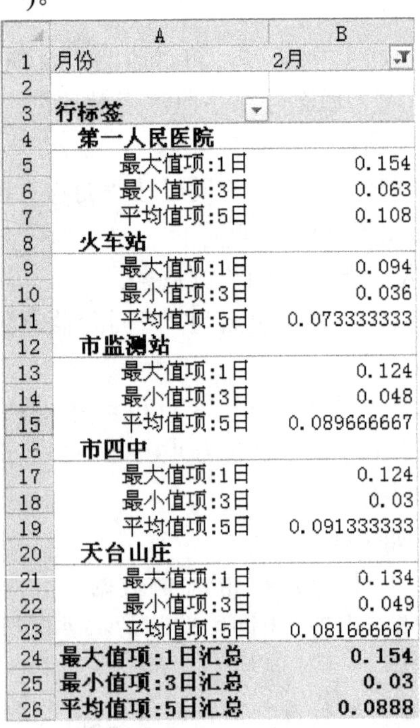

	A	B
1	月份	2月
2		
3	行标签	
4	第一人民医院	
5	最大值项:1日	0.154
6	最小值项:3日	0.063
7	平均值项:5日	0.108
8	火车站	
9	最大值项:1日	0.094
10	最小值项:3日	0.036
11	平均值项:5日	0.073333333
12	市监测站	
13	最大值项:1日	0.124
14	最小值项:3日	0.048
15	平均值项:5日	0.089666667
16	市四中	
17	最大值项:1日	0.124
18	最小值项:3日	0.03
19	平均值项:5日	0.091333333
20	天台山庄	
21	最大值项:1日	0.134
22	最小值项:3日	0.049
23	平均值项:5日	0.081666667
24	最大值项:1日汇总	0.154
25	最小值项:3日汇总	0.03
26	平均值项:5日汇总	0.0888

图 5-21 污染物监测数据透视表结果

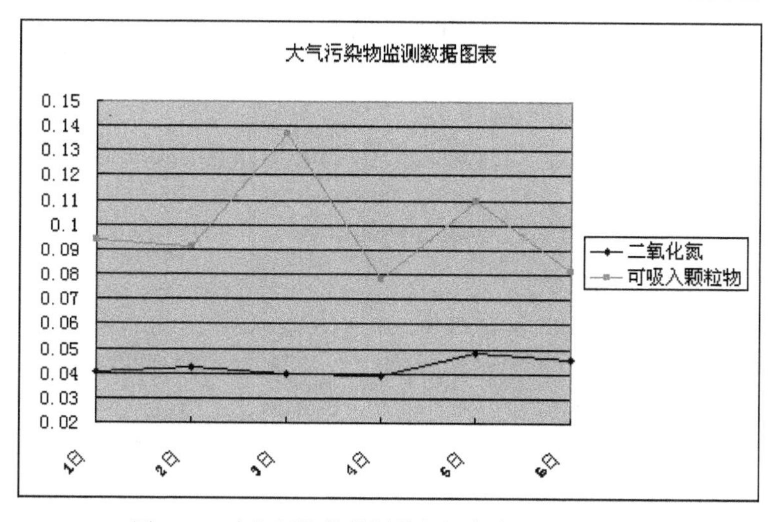

图 5-22　大气污染物监测数据图表(折线图)效果图

【Excel 综合应用(二)】

打开“学生成绩表.xlsx”文件，另存为“学生成绩表_TJ.xlsx”完成下列操作。

(1) 对工作表“电子商务系”进行如下操作：

① 在“姓名”列前插入“班级”列。

② 利用 IF、Left 函数从“学号”列的前 7 位获取每位学生所在班级。其中 0221231——电子 1231，0221232 —— 电子 1232，0221233 —— 电子 1233。

③ 利用函数计算“总分”和“平均分”。

④ 设置“平均分”列数据保留 1 位小数。

⑤ 复制工作表“电子商务系”到 Sheet2、Sheet3、Sheet4、Sheet5、Sheet6、Sheet7、Sheet8 工作表中。

(2) 在 Sheet2 数据表中，按班级升序排序，班级相同按总分降序排序，班级和总分均相同按姓名笔画降序排序。

(3) 在 Sheet3 数据表中，先按班级升序排序，再按班级分类汇总，统计各班各科最高分及总分最高分。

(4) 在 Sheet4 数据表中，按班级分类汇总，统计各班总人数、大学语文平均分、商贸英语平均分，并以 3 级方式显示，分类汇总结果如图 5-23 所示。

1 2 3 4		A	B	C	D	E	F	G	H	I
	1	学号	班级	姓名	大学语文	计算机基础	体育	商贸英语	总分	平均分
+	6		**电子1231 平均值**		68.5			61		
−	7		**电子1231 计数**	4						
+	12		**电子1232 平均值**		59			71.5		
−	13		**电子1232 计数**	4						
+	18		**电子1233 平均值**		87.75			71		
−	19		**电子1233 计数**	4						
−	20		**总计平均值**		71.75			67.83333		
	21		**总计数**	12						

图 5-23　“学生成绩表”分类汇总结果

(5) 在 Sheet5 数据表中，自动筛选所有姓刘和姓李，且总分在 280 以上(含 280)的学生记录。

(6) 对 Sheet6 数据表进行如下操作：

① 在原数据区中筛选出电子 1231 班总分在 280 以上(含 280)，或所有班级中大学语文在 85 以上(含 85)的学生记录。

② 将筛选出的结果(包括表头)复制到 A22 单元格。

③ 删除原数据区中筛选结果。

(7) 在 Sheet7 数据表中，进行如下操作：

① 筛选出电子 1233 班的计算机基础成绩小于 75 或大于 85 的学生记录(含 75 和 85)，筛选结果显示在 A22 单元格中。

② 为筛选后的所有学生的所有科目数据创建柱形圆柱图，系列为科目，具体要求如下：

- 图表标题为“学生成绩图表”，X 轴标题为“姓名”，Z 轴标题为“成绩”。
- 设置图表标题格式为“绿色、华文新魏、16 磅、加粗、双下划线”；Z 轴标题文字竖排。
- 设置图例在图表底部。
- 图表区文字为“楷体、10 磅、不自动缩放”；图表区边框为“绿色、点划线、中等粗细的圆角带阴影边框”。
- 为图中所有数据系列添加数据标志值；大学语文数据系列为“浅黄色、10 磅、加粗”。
- 将背景墙图案设置为白色大理石。图表效果如图 5-24 所示。

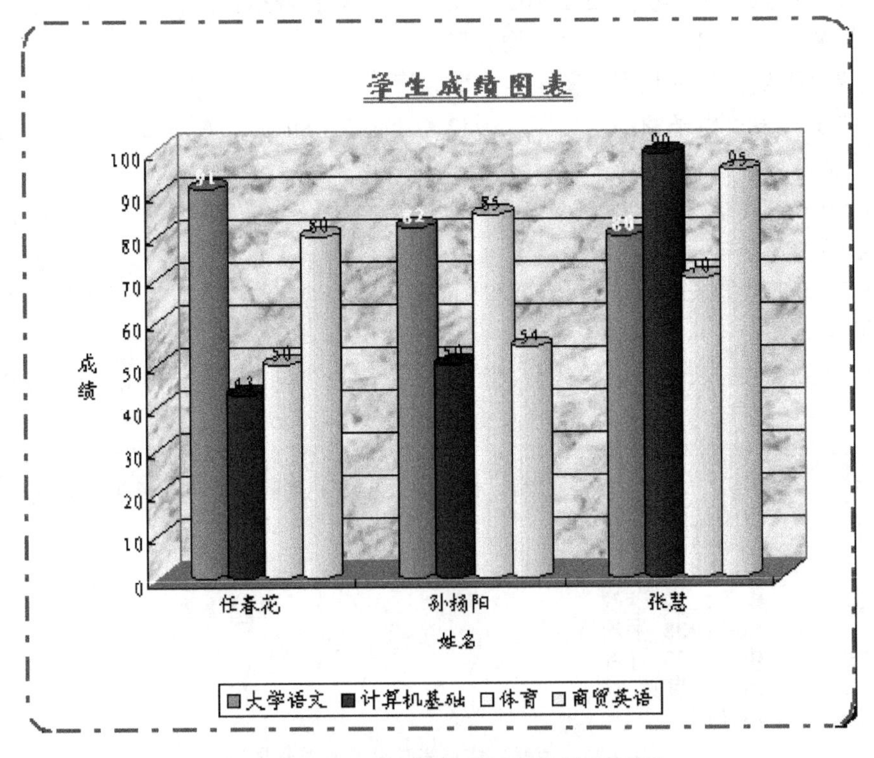

图 5-24　学生成绩图表(柱形圆柱图)效果图

(8) 对 Sheet8 数据表进行如下操作：

① 在“姓名”列后插入“姓氏”列。

② 利用函数根据“姓名”列数据填写“姓氏”列数据(姓名数据全为单姓)。

③ 在 A20 单元格创建数据透视表：班级为行字段，数据项为学号计数、语文平均值、体育最大值。

④ 在新工作表中创建数据透视表，要求数据能体现各班不同姓氏学生人数和总分最小值，且不显示列总计。结果可以参照图 5-25。

行标签	列标签 陈	方	李	刘	任	孙	王	张	总计
电子1231									
计数项:学号	1	1	1				1		4
最小值项:总分	293	258	287				294		258
电子1232									
计数项:学号			2	1			1		4
最小值项:总分			281	281			280		280
电子1233									
计数项:学号				1	1	1		1	4
最小值项:总分				277	264	271		344	264

图 5-25 “学生成绩表”的数据透视表结果

【Excel 综合应用(三)】

(1) 利用电子表格软件完成以下操作，并保存文件。

① 在“Excel 综合练习”文件夹下新建一个名为“Excel_销售表 1-4.xlsx”的工作簿；

② 将工作簿中的“Sheet2”改名为“销售表”；

③ 将数据库文件“Excel_产品销售 1-4.mdb”中的全部数据导入到“销售表”中；

④ 利用条件格式，将所有销售日期介于“2009-3-1”至“2009-3-30”的日期设置为红色。

(2) 利用电子表格软件完成以下操作，并保存文件。

① 在“Excel 综合练习”文件夹打开名为“Excel_销售表 1-5.xlsx”的工作簿；

② 将工作簿中的工作表“销售表”复制一份名为“销售表备份”的工作表；

③ 将工作表“销售表”中只留下“徐哲平”的记录，其他记录全部删除；

④ 将工作表“销售表”设置为打印“网格线”。

(3) 在“Excel 综合练习”文件夹下，打开工作簿“Excel_销售表 2-3.xlsx”，对工作表“销售表”进行以下操作：

① 多表计算：在“销售总表”中利用函数直接计算三位销售代表的销售总金额；

② 在“销售总表”中利用函数计算总销售金额；

③ 在“销售总表”中，对“销售代表总金额”列中的所有数据设置成“使用千分位分隔符”，并保留 1 位小数；

④ 完成以上操作后，将该工作簿以“Excel_销售表 2-3_jg.xlsx”为文件名保存在“Excel 综合练习”文件夹下。

(4) 在“Excel 综合练习”文件夹下，打开工作簿“Excel_销售表 2-4.xlsx”，对工作表“销售总表”进行以下操作：

① 利用函数填入折扣数据：所有单价为 1000 元(含 1000 元)以上的折扣为 5%，其余折扣为 3%；

② 利用公式计算各行折扣后的销售金额(销售金额=单价*(1–折扣)*数量)；

③ 在 H212 单元格中，利用函数计算所有产品的销售总金额；

④ 完成以上操作后，将该工作簿以“Excel_销售表 2-4_jg.xlsx”为文件名保存在“Excel 综合练习”文件夹下。

(5) 利用电子表格软件完成以下操作：

① 打开名为“Excel_客户表 1-7.xlsx”的工作簿；

② 用函数求出所有客户的“称呼 1”；

③ 用函数求出所有客户的“姓氏”；

④ 用函数求出所有客户的“称呼 2”；

⑤ 完成以上操作后以“Excel 客户表 1—7_jg.xlsx”为文件名保存，效果如图 5-26 所示。

	A	B	C	D	E	F
1	客户号	客户姓名	性别	称呼1	姓氏	称呼2
2	1	宋晓	女	小姐	宋	宋小姐
3	2	宋晓兰	女	小姐	宋	宋小姐
4	3	文楚媛	女	小姐	文	文小姐
5	4	文楚兵	男	先生	文	文先生
6	5	徐哲平	男	先生	徐	徐先生
7	6	张默	男	先生	张	张先生
8	7	刘思琪	女	小姐	刘	刘小姐
9	8	徐哲平	男	先生	徐	徐先生
10	9	李小凤	女	小姐	李	李小姐
11	10	刘小华	男	先生	刘	刘先生

图 5-26　“Excel_客户表 1—7_jg.xlsx”操作结果

(6) 在“Excel 综合练习”文件夹下，打开工作簿“Excel_销售表 2-1.xlsx”，对工作表“销售表”进行以下操作：

① 计算出各行中的“金额”(金额=单价*数量)；

② 按“销售代表”进行升序排序；

③ 利用分类汇总，求出各销售代表的销售总金额(分类字段为“销售代表”，汇总方式为“求和”，汇总项为“金额”，汇总结果显示在数据下方)；

④ 完成以上操作后，将该工作簿以“Excel_销售表 2-1_jg.xlsx”为文件名保存在“Excel

综合练习”文件夹下。

(7) 在“Excel 综合练习”下，打开工作簿“Excel_销售表 2-5.xlsx”，对工作表“销售表”进行以下操作：

① 计算出各行中的“销售金额”；

② 在 G212 单元格中，计算所有销售总金额；

③ 利用自动筛选功能，筛选出单价为 500—1000(含 500 和 1000)的所有记录；

④ 完成以上操作后，将该工作簿以“Excel_销售表 2-5_jg.xlsx”为文件名保存在“Excel 综合练习”文件夹下。

(8) 在“Excel 综合练习”文件夹下，打开工作簿“Excel_销售汇总表 3-4.xlsx”，在当前表中插入图表，显示第 1 季度各门店销售额所占比例，要求如下：

① 图表类型：分离型三维饼图；

② 系列产生在“行”；

③ 图表标题：1 季度销售对比图；

④ 数据标志：要求显示类别名称、值、百分比；

⑤ 完成以上操作后，将该工作簿以“Excel_销售汇总表 3-4_jg.xlsx”为文件名保存在“Excel 综合练习”文件夹下，结果如图 5-27 所示。

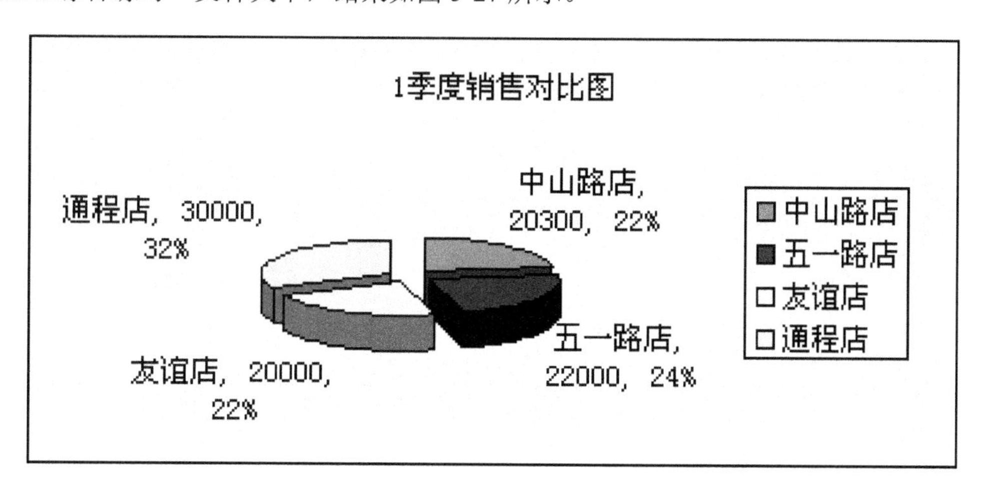

图 5-27　1 季度销售对比图(分离型三维饼图)效果图

(9) 在“Excel 综合练习”文件夹下，打开工作簿“Excel_销售表 3-1.xlsx”，对“销售表”建立一个数据透视表，要求如下：

① 透视表位置：新工作表中；

② 页字段：销售代表；

③ 列字段：类别；

④ 行字段：品名；

⑤ 数据项：金额(求和项)；

⑥ 完成以上操作后，将该工作簿以“Excel_销售表 3-1_jg.xlsx”为文件名保存在“Excel 综合练习”文件夹下，结果如图 5-28 所示。

	A	B	C	D	E
1	销售代表	(全部)			
2					
3	**求和项:金额**	**列标签**			
4	**行标签**	**办公耗材**	**办公设备**	**畅想系列**	**总计**
5	T系列笔记本			249974	249974
6	X系列笔记本			162749	162749
7	传真纸	78			78
8	打印机			128578	128578
9	打印纸	108			108
10	大明扫描仪		21120		21120
11	大明投影仪		16640		16640
12	冬普传真机		10736		10736
13	多功能一体机			23070	23070
14	复印纸	416			416
15	光面彩色激光相纸	213			213
16	家用电脑			53458	53458
17	墨盒	980			980
18	商用电脑			435304	435304
19	数码产品			21462	21462
20	四星复印机		99400		99400
21	碳粉	926			926
22	投影胶片	56			56
23	网络产品			13448	13448
24	硒鼓	6278			6278
25	移动存储			2826	2826
26	亿全服务器			272120	272120
27	优特电脑考勤机		15600		15600
28	**总计**	**9055**	**163496**	**1362989**	**1535540**

图 5-28 “Excel_销售表 3-1_jg.xlsx”操作结果

实训项目六　PowerPoint 2010

实训任务 1　创建演示文稿

【实训目的】

(1) 掌握 PowerPoint 演示文稿的创建、版式的使用；
(2) 掌握 PowerPoint 文本框中文字的输入、图片的插入、艺术字的插入及其格式设置；
(3) 掌握 PowerPoint 中音频、视频文件的插入及格式设置；
(4) 掌握 PowerPoint 中主题的使用；
(5) 掌握动作按钮和超链接的设置；
(6) 掌握 SmartArt 图形的使用及其设置；
(7) 掌握 PowerPoint 动画样式、切换方式、放映方式的设置；
(8) 掌握幻灯片的浏览及打包。

【实训内容】

(1) 新建“猫与鼠”的电子演示文稿。操作要求如下：

① 启动 PowerPoint 2010，新建一个演示文稿，将文件保存在“D:\PPT\”文件夹中，命名为“猫与鼠.pptx”。

② 设置所有幻灯片背景颜色为“淡紫色 RGB(204，153，255)”。

③ 在第 1 张幻灯片前插入一张新幻灯片，版式为“标题幻灯片”，并完成如下设置：

· 设置标题文字内容为“猫与鼠”，字体为“华文琥珀”，字号为“66”，“左对齐”，制作效果如图 6-1 所示。

图 6-1　第 1 张幻灯片效果

• 设置文本框内容为“机警的猫”“老鼠一家”两行文字，字体为“幼圆”，字号为“32”，字体颜色为“浅蓝 RGB(0，176，240)”，并设置项目编号。

④ 在第 2 张幻灯片中，版式为“标题和内容”，插入图片“mouse.tif”，设置图片动画样式为“自左侧擦除”，制作效果如图 6-2 所示。

图 6-2　第 2 张幻灯片效果

⑤ 设置幻灯片放映方式为“在展台浏览(全屏幕)”。

⑥ 设置全部幻灯片的切换方式为“自左侧棋盘”，换片方式为“设置自动换片间隔 3 秒”，取消“单击鼠标时”。

⑦ 浏览幻灯片。

(2) 新建“大学计算机基础考试.pptx”的电子演示文稿。

① 插入一张新幻灯片，版式为“标题和内容”，并完成如下设置：

• 设置标题内容为“大学计算机基础考试”，字体为“方正舒体”，字形为“加粗、斜体”，字号为“54”；

• 设置文本内容为“进入”，插入超链接，链接方式为“下一张幻灯片”；

• 插入图片“时钟.tif”，设置图片高度为“10.35 厘米”，宽度为“8 厘米”，制作效果如图 6-3 所示。

图 6-3　第 1 张幻灯片效果

② 插入一张新幻灯片，版式为“空白”，并完成如下设置：

· 插入一横排文本框，设置内容为“祝你考试顺利通过”，字体为“宋体”，字形为“加粗、斜体”，字号为“54”，字体效果为“下划线”；

· 插入图片“展翅高飞.tif”，设置高度为“7.88 厘米”，宽度为“14 厘米”，制作效果如图 6-4 所示；

图 6-4　第 2 张幻灯片效果

· 设置所有幻灯片的切换方式为“垂直百叶窗”。

③ 浏览幻灯片。

(3) 新建“个人简历”的电子演示文稿。操作要求：

① 启动 PowerPoint 2010，新建一个演示文稿，将文件保存在“D:\PPT\”文件夹中，命名为“个人简历.pptx”。

② 插入一张幻灯片，幻灯片版式为“空白”。

· 插入一横排文本框，设置文字内容为“应聘人基本信息”，字体为“隶书”，字号为“36”，字形为“加粗、倾斜”，字体效果为“阴影”；

· 设置幻灯片背景填充纹理为“粉色面巾纸”；

· 在幻灯片中添加任意一个剪贴画；

· 插入音频文件 6-3.wma，剪裁音频的开始时间为“01:00”，结束时间为“03:30”，设置音频自动播放，且循环插入直到停止，播放时隐藏图标，制作效果如图 6-5 所示。

图 6-5　第 1 张幻灯片效果

③ 插入第二张幻灯片，选择幻灯片版式为“标题与内容”。

· 设置标题文字内容为“个人简介”；

· 在文本处添加“姓名：张三，性别：男，年龄：24，学历：本科”四个项目；行间距为 1.5 倍行距；

· 在幻灯片中添加任意一个剪贴画；

· 设置标题自定义动画为“按字/词自右侧飞入”，文本自定义动画为“淡出”，剪贴画自定义动画为“自底部飞入”。

④ 设置全部幻灯片切换效果为“闪耀”，效果为“从上方闪耀的六边形”，持续时间为 3 秒、“鼓掌”的声音、单击鼠标时换片。

⑤ 将主题“跋涉”应用于所有幻灯片，并填充“样式 10”的背景样式，制作效果如图 6-6 所示。

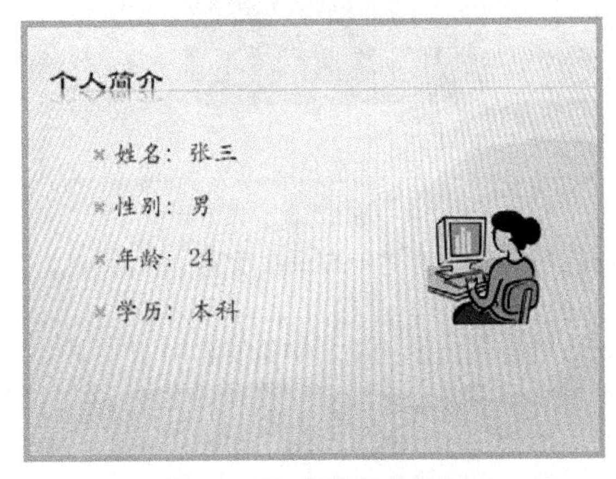

图 6-6　第 2 张幻灯片效果

⑥ 浏览幻灯片。

⑦ 文件保存后，将此演示文稿打包成 CD，以“个人简历”为 CD 名保存至“D:\PPT\”文件夹中，并设置打开和修改演示文稿的密码为“123”。

(4) 打开“健康生活.pptx”的电子演示文稿，完成以下操作：

① 将第 1 张幻灯片中的标题设置为艺术字“填充效果——靛蓝，强调文字颜色 2，粗糙棱台”的样式，制作效果如图 6-7 所示。

图 6-7　第 1 张幻灯片效果

② 在第 2 张幻灯片中插入视频文件 6-4.wmv，设置视频文件的缩放比例为 50%，视频样式为“旋转、渐变”，剪裁视频的开始时间为 5 秒，结束时间为 25 秒，单击时全屏播放，制作效果如图 6-8 所示。

图 6-8　第 2 张幻灯片效果

③ 在第 3 张幻灯片右下角插入“第一张”“前进”动作按钮，设置按钮的高度为“1 厘米”，宽度为“1 厘米”，并为动作按钮套用“细微效果——靛蓝，强调颜色 6”的形状样式，制作效果如图 6-9 所示。

图 6-9　第 3 张幻灯片效果

④ 复制第 5 张幻灯片，粘贴在第 3 张幻灯片之后，作为第 4 张幻灯片，在该幻灯片上做如下操作：删除原有 2 张图片，插入“健康生活”文件夹下的图片“均衡饮食.tif”，动画效果设置为“自右上部飞入”。

⑤ 在第 6 张幻灯片上完成如下设置：设置 2 张图片的动画效果为“旋转”，单击鼠标开始播放。

⑥ 设置所有幻灯片的切换效果为“自底部推进”，持续时间为 3 秒，换片方式设置为“单击时”。

⑦ 页面设置：将幻灯片大小设置为全屏显示(16∶9)，制作效果如图 6-10 所示。

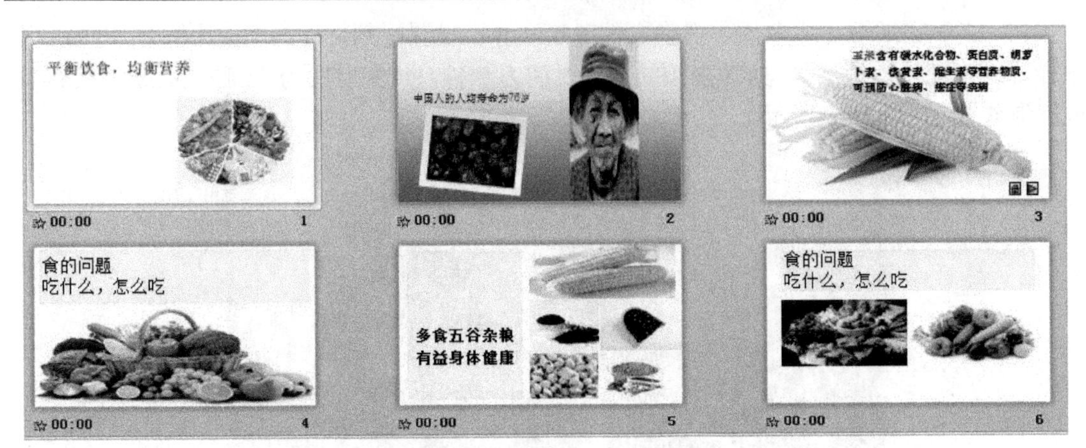

图 6-10　“健康生活”整体效果

⑧ 文件保存后，将此演示文稿创建为全保真视频文件，设置放映每张幻灯片的秒数为 30 秒，以“健康生活.wmv”为文件名保存至“D:\PPT\”文件夹中。

(5) 打开“Office 2010 培训教程.pptx”，完成以下操作：

① 设置“幻灯片母版”：

· 标题区文字属性为“华文行楷、50 磅、绿色 RGB(0，176，80)”“彩色轮廓—黑色，深色 1”；

· 文本区文字属性为“方正姚体、32 磅、段落间距为段前 12 磅、段后 6 磅、行距为固定值 35 磅”；

· 所有的幻灯片添加页脚“Office 2010 培训教程”，并显示幻灯片编号，设置页脚和编号的字体为“隶书、18 磅、蓝色”，并为页脚填充“浅色 1 轮廓，彩色填充橄榄色，强调颜色 3”的形状样式，制作效果如图 6-11 所示。

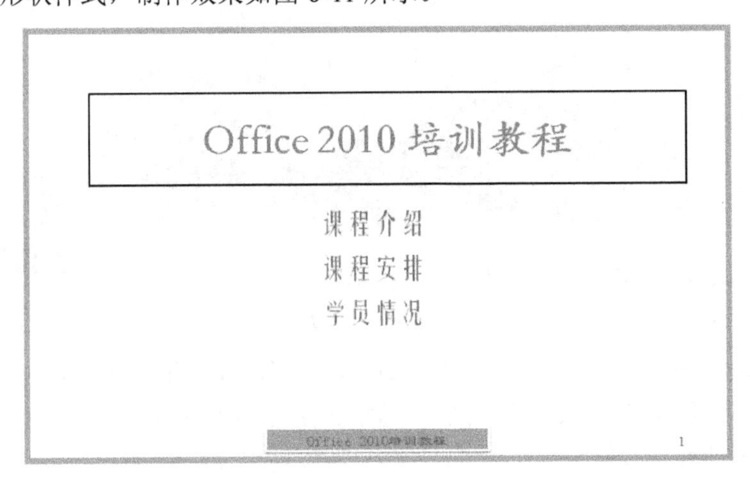

图 6-11　第 1 张幻灯片效果

② 设置第二张幻灯片：

· 插入 SmartArt 图形，图形布局为“表格列表”图，设置颜色为“彩色范围——强调文字颜色 5 至 6”，外观样式为“强调效果”，大小为高 10 厘米、宽 12 厘米；

· 为 SmartArt 图形添加“翻转式由远及近”进入的动画效果，效果为“逐个”，持续时间为 3 秒，上一动画之后自动启动动画效果，制作效果如图 6-12 所示。

图 6-12　第 2 张幻灯片效果

③ 在第 2 张幻灯片之后插入一张新幻灯片，标题区文本为“培训课程课时安排”，文本区中插入文件“培训课程课时安排表.xlsx”，设置第 3 张幻灯片背景填充纹理设置为“水滴”，制作效果如图 6-13 所示。

图 6-13　第 3 张幻灯片效果

④ 设置全部幻灯片切换方式为“时钟”、切换效果为“楔入”、持续时间为 2 秒、声音为“收款机”、换片方式为“间隔 2.5 秒自动换片”，取消“单击鼠标时”。

⑤ 设置幻灯片方向为横向，幻灯片宽度为 30 厘米，高度为 18 厘米。

⑥ 操作完成后，以原文件名保存至“D:\PPT\”文件夹中。

实训任务 2　PowerPoint 2010 综合应用

【实训目的】

掌握 PowerPoint 2010 知识点的综合应用。

【实训内容】

(1) 创建一个介绍十二生肖的演示文稿。

① 设置第 1 张幻灯片。

• 版式为“两栏内容”，在标题处输入“十二生肖”，在下面文本框中分别输入十二生肖的名称；

• 将标题的字体设置为“华文中宋、48 磅、粉红色 RGB(255，0，102)”，并为其添加“蓝色，18pt 发光，强调文字颜色 1”的发光文本效果；

• 设置两栏文本的行距为“1.5 倍行距”，文本之前缩进 2 厘米；

• 设置项目符号大小为“110%”，颜色为蓝色 RGB(0，112，192)；

• 设置标题文本的动画效果为“弹跳”，持续时间为 3 秒，从上一动画之后自动启动动画效果，制作效果如图 6-14 所示。

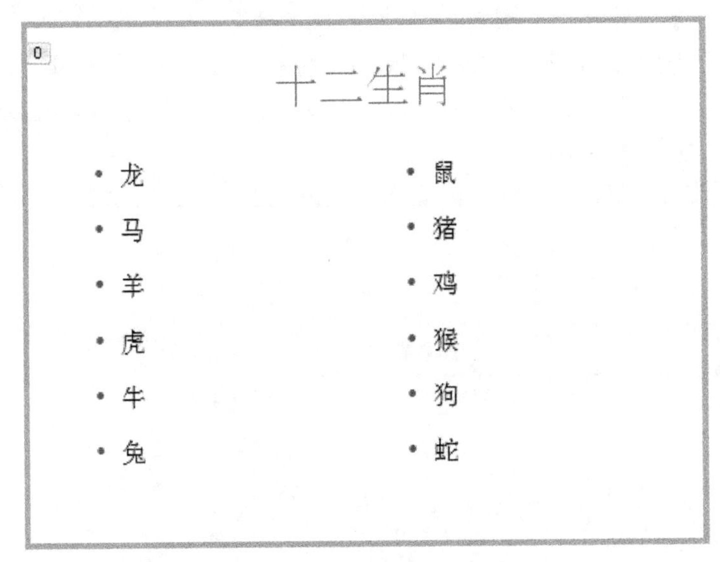

图 6-14　第 1 张幻灯片效果

② 设置第 2～13 张幻灯片。

插入 12 张生肖幻灯片，即第 2～13 张幻灯片，应用“标题和内容”版式，标题处输入生肖名称，文本框中插入相应的属相图片，设置所有的图片样式为“金属椭圆”，制作效果如图 6-15 所示。

③ 设置最后一张为空白幻灯片。

• 插入艺术字：十二生肖齐闹春，设置艺术字“填充-红色，强调文字颜色 2，暖色粗糙棱台”的样式，设置字体为“华文行楷、72 磅”，并为其添加“转换”中“正三角”效果；

• 插入视频文件“生肖歌.wmv”，设置视频文件的缩放比例为“70%”，视频形状为“圆角矩形”，视频边框为“3 磅、蓝色的实线”，视频效果为“全映像，接触”，排列顺序为“置于底层”，剪裁视频的开始时间为“10 秒”，结束时间为“1 分 50 秒”，制作效果如图 6-16 所示。

图 6-15 第 2 张幻灯片效果

图 6-16 第 14 张幻灯片插入视频后效果

④ 插入超级链接：为首页的各个属相插入一个链接，链接到介绍该属相的幻灯片，制作效果如图 6-17 所示。

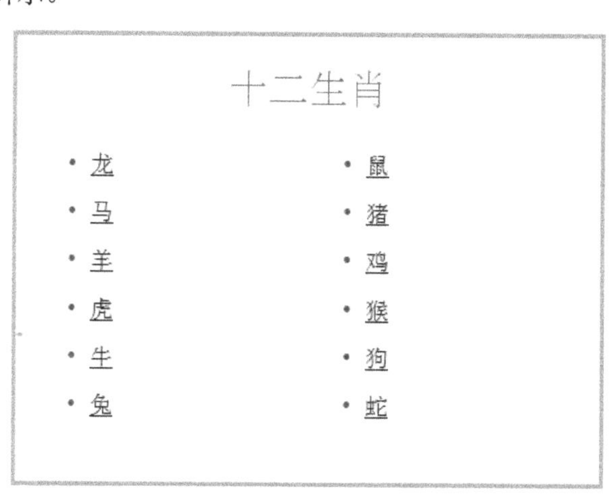

图 6-17 第 1 张幻灯片插入超级链接后效果

⑤ 利用幻灯片母版为所有幻灯片添加“第一张”的动作按钮，设置按钮的高度为“1 厘米”，宽度为“1.2 厘米”，并为动作按钮套用“浅色 1 轮廓—靛蓝，彩色填充—橙色，强调颜色 1”的形状样式。

⑥ 应用“夏至”主题，制作效果如图 6-18 所示。

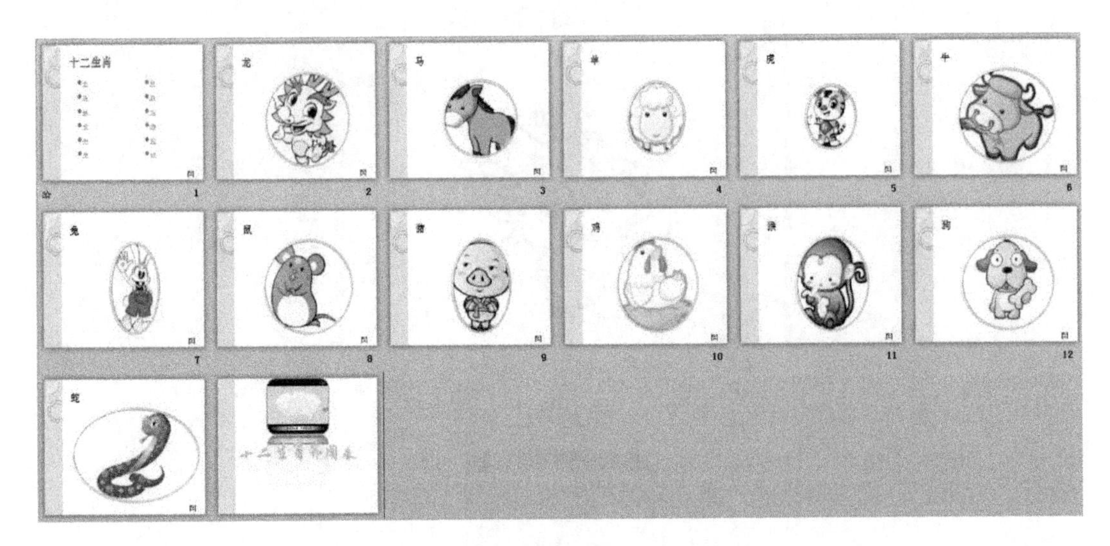

图 6-18　“十二生肖齐闹春”整体效果

⑦ 浏览幻灯片。

⑧ 保存文件后，将演示文稿创建为全保真视频文件，设置放映每张幻灯的时间为 6 秒，以“十二生肖齐闹春.wmv”为文件名保存至“D:\PPT\”文件夹中。

(2) 建立一个标题为“诗词欣赏.pptx”的演示文稿。步骤如下：

① 设置第 1 张幻灯片。

• 版式为“仅标题”，在标题处输入：诗词欣赏，调整其到适当位置，字体设置为“华文彩云、115 磅、蓝色 RGB(0，0，255)”；

• 应用“向上偏移”的外部阴影效果和“半映像，4pt 偏移量”的映像效果；

• 设置标题文本进入的动画效果为“轮子”、效果为“4 轮辐图案”，持续时间为 3 秒、从上一动画之后自动启动动画效果，制作效果如图 6-19 所示。

图 6-19　第 1 张幻灯片效果

② 插入新幻灯片，设置版式为“标题与内容”，在标题处输入标题“江雪”，在文本处输入诗句“千山鸟飞绝，万径人踪灭。孤舟蓑笠翁，独钓寒江雪。”，背景填充来自文件的图片“江雪.tif”，制作效果如图 6-20 所示。

图 6-20　第 2 张幻灯片效果

③ 按上述方法，再插入三张幻灯片，分别输入另外三首诗，填充背景相应的背景图片，制作效果如图 6-21 所示。

• 在第一首诗标题处输入“饮湖上初晴后雨”，文本处输入诗句“水光潋滟晴方好，山色空蒙雨亦奇。欲把西湖比西子，淡妆浓抹总相宜。”。

• 在第二首诗标题处输入“春夜喜雨”，文本处输入诗句“好雨知时节，当春乃发生。随风潜入夜，润物细无声。”。

• 在第三首诗标题处输入“咏柳”，文本处输入诗句“碧玉妆成一树高，万条垂下绿丝绦。不知细叶谁裁出，二月春风似剪刀。”。

图 6-21　幻灯片填充背景后效果

④ 设置幻灯片母版：

• 标题区文字属性为“楷体、54 磅、加粗、居中”；

• 文本区文字属性为“去掉项目符号、楷体、48 磅、居中、行距为 1.5 倍行距”，制作效果如图 6-22 所示。

图 6-22　幻灯片使用母版后效果

⑤ 设置所有幻灯片的切换方式为“涟漪”、效果为“从左上部”、持续时间为 2 秒、声音为“风声”、换片方式为 10 秒后自动换片。

⑥ 在第一张幻灯片后插入一张新幻灯片，设置版式为空白版式，并将“唐宋八大家.tif”的图片作为其背景。

⑦ 在第二张幻灯片后再插入一张空白幻灯片，并完成如下设置：

• 插入一横排文本框，输入以下文字：“柳宗元(773—819)，字予厚，河东(今山西省永济县)人。贞元九年(793)中进士第，十四年登博学宏词科，授集贤殿正字。十七年任蓝田县尉，十九年为监察御史里行(见习御史)。二十一年正月，顺宗(李诵)即位，柳宗元积极协同王叔文等人进行政治改革，时为礼部员外郎。改革触犯了保守官僚、宦官、藩镇的利益，遭到反对，不到八个月就以失败告终。九月，王叔文等革新人物受到迫害，柳宗元始贬为邵州刺史，十一月又被加贬为永州(今湖南省零陵县)司马。直到元和十年(815)春才奉召至京师，三月又出为柳州刺史。他在柳州颇有政绩，四年后死在那里。”；

• 插入“柳宗元.tif”，调整其到适当位置，设置图片大小的缩放比例为“200%”，排列顺序为“置于底层”，图片样式为“棱台矩形”；

• 设置图片的动画效果为“放大/缩小”，效果选项中方向为“两者”、数量为“较大”，持续时间为 3 秒，单击鼠标时启动动画效果，制作效果如图 6-23 所示。

⑧ 设置幻灯片放映类型为“演讲者放映(全屏幕)，放映方式为“放映时不加旁白”，放映内容为全部幻灯片。

⑨ 保存文件后，再将此演示文稿打包成 CD，以“诗词欣赏”为 CD 名保存至“D:\PPT\”文件夹中。

柳宗元(773~819)，字子厚，河东(今山西省永济县)人。贞元九年(793)中进士第，十四年登博学宏词科，授集贤殿正字。十七年任蓝田县尉，十九年为监察御史里行(见习御史)。二十一年正月，顺宗(李诵)即位，柳宗元积极协同王叔文等人进行政治改革，时为礼部员外郎。改革触犯了保守官僚、宦官、藩镇的利益，遭到反对，不到八个月就以失败告终 王叔文等革新人物受到迫害，柳宗元始贬为邵州刺史，十一 永州(今湖南省零陵县)司马。直到元和十年(815)春，才奉召 京 出为柳州刺史。他在柳州颇有政绩，四年后死在那里。

柳宗元

图 6-23 第 3 张幻灯片效果

实训任务 3 PowerPoint 拓展练习

【实训目的】

(1) 熟练掌握幻灯片的制作步骤；
(2) 熟练掌握版式的编排方法、文字的格式化处理、幻灯片的美化、幻灯片的保存；
(3) 熟练掌握超链接、自定义动画、幻灯片切换方式；
(4) 熟练掌握声音等媒体的插入、选项设置。

【实训内容】

制作一个“美丽湖南”的电子演示文稿，向其他省市来的新生简单介绍湖南的交通地理位置、名胜古迹、风土人情及美食，通过本演示文稿让大家对湖南有一个简单的印象，制作效果如图 6-24 所示(注：部分素材来源于网络)。

图 6-24 “美丽湖南”整体效果

(1) 创建一个空白演示文稿，并制作 9 张幻灯片，然后保存在“D:\PPT”文件夹中，命名为“美丽湖南.pptx”。

(2) 设置第 1 张幻灯片。

① 使用“标题”版式，输入如图 6-25 所示的文本。

② 标题字体为“华文彩云、72 磅、红色、加粗”，副标题为“华文琥珀、54 磅、蓝色”。

③ 设置标题文本的动画效果为“陀螺旋”、效果为“旋转两周”，持续时间为 4 秒、从上一动画之后自动启动动画效果。

④ 设置副标题文本的动画效果为“波浪形”、效果为“按字母”，持续时间为 2 秒、从上一动画之后自动启动动画效果。

⑤ 插入音频文件“浏阳河”，剪裁音频的开始时间为 10 秒，结束时间为 1 分 50 秒，设置音频跨幻灯片播放，且循环播放直到停止，在播放时不隐藏图标，制作效果如图 6-25 所示。

图 6-25　美丽湖南

(3) 设置第 2 张幻灯片。

① 采用“内容与标题”版式，输入如图 6-26 所示的文本。

② 标题字体为“黑体、48 磅、粉红色 RGB(255，0，102)”，左侧文本字体为“黑体、32 磅，使用项目符号”，大小为“字高的 110%”，颜色为“紫色”，行间距为“1.3 倍行距”，右侧插入图片“湖南详情.tif”，制作效果如图 6-26 所示。

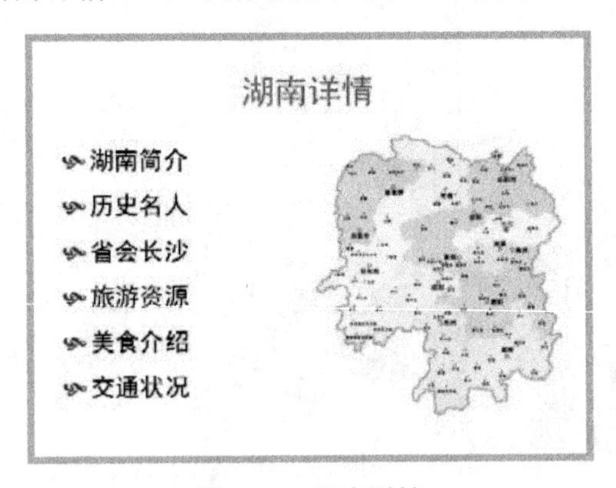

图 6-26　湖南详情

(4) 设置第 3 张幻灯片。

① 使用“垂直排列标题和文本”版式，输入如图 6-27 所示的文本。

② 标题字体为“黑体、48”，文本字体为“楷体、25 磅”，不使用项目符号，行间距为“1.3 倍行距”，制作效果如图 6-27 所示。

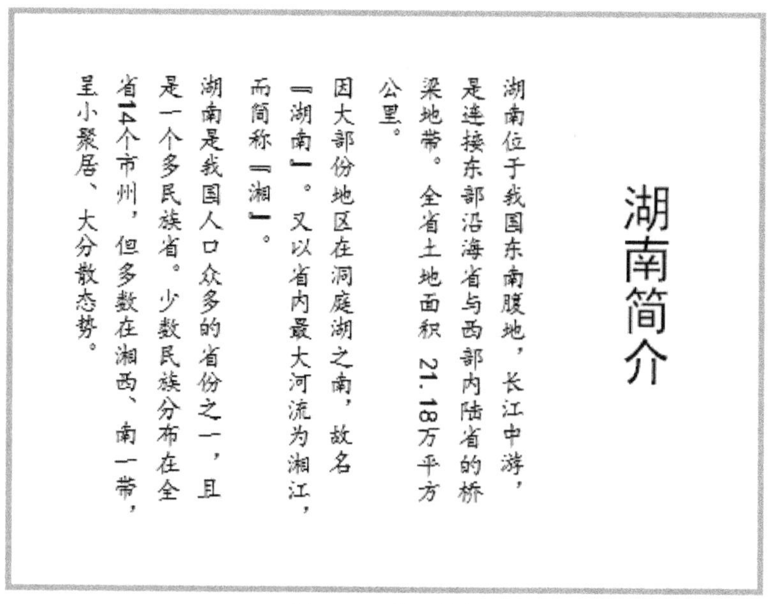

图 6-27　湖南简介

(5) 设置第 4 张幻灯片。

① 使用“比较”版式，参照图 6-28 所示内容输入文本，标题字体为“宋体、44 磅、加粗”，文本字体为“隶书、32 磅”，行间距为“1.5 倍行距”，不使用项目符号。

② 分别插入图片“蔡伦.tif”“毛泽东.tif”，设置两张图片的大小为“高 10 厘米、宽 8 厘米”，图片样式为“棱台形椭圆，黑色”。

③ 设置图片进入的动画效果为“形状”、效果为“加号”，持续时间为 2 秒，从上一动画之后自动启动动画效果，制作效果如图 6-28 所示。

图 6-28　历史名人

(6) 应用主题“质朴”。

(7) 填充背景图片。

① 将“湖南详情.tif”的图片作为第 1 张幻灯片的背景，背景样式设置为“纹理化”艺术效果。

② 将第 2 张幻灯片的背景设置成“羊皮纸”效果。

(8) 利用幻灯片母版，将幻灯片母版中的标题颜色设置为“紫色”、文本的颜色设置为“黑色”。

(9) 插入第 5 张幻灯片，完成如下操作：

① 将其版式设置为“两栏内容”，在标题处和左侧文本框中输入如图 6-29 所示的文本。

② 将标题字体设置为“华文中宋、40 磅”，文本字体为“楷体、20 磅”、行距为“固定值 26 磅、首行缩进 2 字符、无项目符号”，右侧插入相应图片“橘子洲头.tif”“湘剧.tif”“烟花.tif”，将图片大小设置为高和宽均为 8 厘米。

③ 标题文本的动画效果设置为“浮入”、效果为“下浮”，持续时间为 2 秒，从上一动画之后自动启动动画效果；文本添加“加粗展示”的动画效果，单击时启动动画效果；分别设置 3 张图片的动画效果为“弹跳”、持续时间为 3 秒，单击时启动动画效果，制作效果如图 6-29 所示。

图 6-29　省会长沙

(10) 再插入第 6、7、8、9 张幻灯片，版式为“空白版式”。

(11) 设置第 6 张幻灯片。

① 插入横排文本框，输入文字“旅游资源”，设置为“宋体、44 磅、黄色 RGB(255，255，0)”。

② 设置“湘江 1.tif”图片为背景，再插入图片“凤凰古城.tif”“庐山瀑布.tif”。

③ 插入艺术字“山清水秀”，艺术字格式为“华文新魏、48”，艺术字样式为“渐变

填充-浅黄，强调文字颜色 4，映像”、形状样式为“细微效果-黑色，深色 1”、文本效果为“三维旋转-左右对比透视”。

④ 设置图片的动画效果为棋盘，效果为“跨越”，持续时间为 2 秒、从上一动画之后自动启动动画，制作效果如图 6-30 所示。

图 6-30 旅游资源——山清水秀

(12) 设置第 7 张幻灯片。

① 插入横排文本框，输入文字“旅游资源”，设置为“宋体、44 磅、黄色 RGB(255，255，0)”。

② 设置“湘江 2.tif”图片为背景，再插入图片“岳麓书院.tif”“岳阳楼.tif”。

③ 设置图片的动画效果为“劈裂”，效果为“中央向左右展开”，持续时间为 2 秒、单击时启动动画。

④ 插入艺术字“湖湘文化”，艺术字格式为“华文新魏、80”，艺术字样式为“渐变填充-黑色，轮廓-白色，外部阴影”，文字效果为“全映像 8pt 位移”，制作效果如图 6-31 所示。

图 6-31 旅游资源——湖湘文化

(13) 设置第 8 张幻灯片。

① 版式为“标题和内容”，标题处输入文字“湖南美食”，设置为“黑体、54 磅、加粗、绿色 RGB(255，255，0)”。

② 参照如图 6-32 所示内容插入“臭豆腐.tif”“剁椒鱼头.tif”“红煨方肉.tif”“糖油粑粑.tif”，设置图片的动画效果为轮子，效果为“3 轮幅图案”，持续时间为 2 秒、从上一动画之后自动启动动画。

③ 参照图 6-32 所示的内容插入竖排文本框，输入文字“流口水了吗？”，字体设置为“华文新魏、24 磅”，添加“缩放”的动画效果；插入横排文本框，输入文字“那还等什么呢？”，字体设置为“华文新魏、24 磅”，添加“擦除”的动画效果、效果为“自左侧”；再插入一个横排文本框，输入“快来尝尝吧！”，字体设置为“红色，36 磅”，添加“弹跳”的动画效果，三个文本框的动画效果均在单击时启动。

图 6-32　湖南美食

(14) 设置第 9 张幻灯片，版式为“两栏内容”，参照图 6-33 所示的内容输入文本，标题文字设置为“黑体、44 磅、居中”，左侧文本框文字设置为“楷体、22 磅、1.5 倍行距”，右侧插入图片“交通状况.tif”。

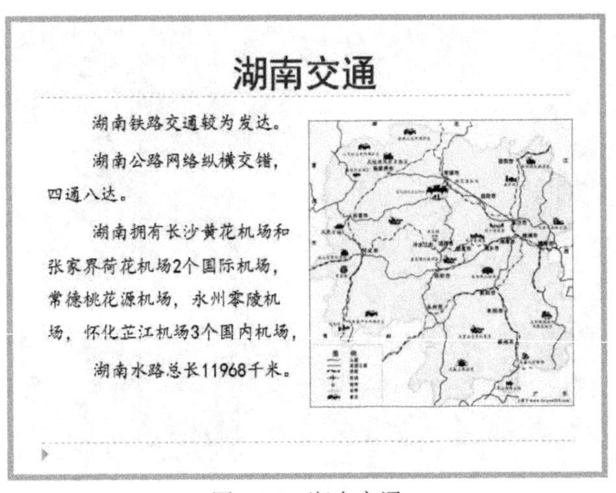

图 6-33　湖南交通

(15) 设置第 2 张幻灯片到第 3～9 张幻灯片的链接，将目录和相应的幻灯片链接起来。例如，单击第 2 张幻灯片中“省会长沙”的目录，将显示第 5 张幻灯片。

(16) 设置所有幻灯片的切换方式为“摩天轮”、切换效果为“自右侧”、持续时间为 2.5 秒、声音为“风铃”的声音、换片方式为单击鼠标换片。

(17) 设置幻灯片的放映类型为“观众自行浏览(窗口)”、放映方式为“循环放映，按 ESC 键终止”。

(18) 浏览幻灯片。

(19) 保存文件后，将演示文稿创建为全保真视频文件，设置放映每张幻灯的时间为 5 秒，以“美丽湖南.wmv”为文件名保存至“D:\PPT\”文件夹中。

实训项目七　常用工具软件

实训任务 1　ACDSee 的使用

【实训目的】

(1) 了解 ACDSee 的基本功能，熟悉其工作窗口；
(2) 掌握用 ACDSee 进行图片浏览查看；
(3) 掌握用 ACDSee 进行图片文件格式转换；
(4) 掌握用 ACDSee 进行图片文件大小及其他参数的调整；
(5) 掌握利用 ACDSee 创建 PPT 文档；
(6) 了解其他拓展操作。

【实训内容】

利用 ACDSee 进行图片的获取、管理、浏览、优化；对图片进行去除红眼、剪切、锐化、浮雕特效、曝光调整、旋转、镜像等处理；批量处理图片。

(1) ACDSee 软件的安装、启动以及文件夹的创建。

① ACDSee 的安装。

② ACDSee 的启动。

③ 在磁盘 D 盘或 E 盘自己的文件夹中新建子文件夹，重命名为“图像处理”。

(2) 请使用 ACDSee 调整图像大小，具体要求如下：

① 调整图像大小：打开图片“校园风景 1.jpg”，将其宽度调整为“200 像素，保持原始的纵横比”，另存为“校园风景 1-200.jpg”保存。打开“校园风景 2.jpg”，将图像宽度调整为“300 像素，保持原始的纵横比”，以原文件名保存。

② 转换图像格式：将 “油菜花.bmp”转换成 gif 格式，以原文件名保存，将“校园风景 3.png”转换成 jpg 格式。

(3) 请使用 ACDSee 调整图像大小。

① 将“校园风景 1.jpg”按“原图的百分比”调整为原图的 50%，以原文件名保存。

② 打开“新疆风光.jpg”，将曝光值设为“15”、对比度设为“10”，以原文件名保存。

(4) 请使用 ACDSee 创建 PPT，具体要求如下：

① 选择 “长沙风景 1.jpg”“长沙风景 2.jpg”“长沙风景 3.jpg”“长沙风景 4.jpg”，创建一个新的演示文稿。

② 每个幻灯的图像数量为 1。

③ 标题文本为“风光无限好”，对齐方式为“中间”，字体设为“幼圆、30 号字”，颜色为“(180.30.0)”。

④ 以文件名“长沙风景照欣赏.ppt”进行保存。

实训任务 2　WinRAR 的使用

【实训目的】

(1) 了解 WinRAR 的基本功能和使用；

(2) 掌握文件压缩方法；

(3) 掌握文件解压缩方法；

(4) 掌握向压缩包中添加或删除文件；

(5) 熟悉对压缩文档加密；

(6) 了解如何分卷压缩文件。

【实训内容】

利用 WinRAR 进行文件压缩、解压缩的操作，如创建压缩文档、解压缩文件、加密压缩文件、快速压缩解压缩文件、分卷压缩解压缩文件等。

(1) WinRAR 软件的安装、启动以及文件夹的创建。

① WinRAR 的安装。

② WinRAR 的启动。

③ 在磁盘 D 盘或 E 盘中自己的文件夹中新建子文件夹，重命名为“文件压缩”。将(2)中的内容存放到该文件夹下，其他素材可自行复制到该文件夹下。

(2) 使用 WinRAR 创建压缩文件，具体要求如下：

① 创建一个压缩文件，包含“长沙风景 1.jpg”“长沙风景 2.jpg”“长沙风景 3.jpg”“长沙风景 4.jpg” 四个文件，压缩文件格式设为 “ZIP”，压缩方式设为 “标准”。压缩文件名设为 “长沙风光.zip”，保存在 “文件压缩” 文件夹下。

② 创建一个压缩文件，包含 “散文欣赏.doc” “泉水.mp3” 和 “云海.jpg” 三个文件，压缩文件格式设为 “RAR”，压缩方式为 “较快”；压缩文件名设为 “散文欣赏.rar”，保存在原文件夹下。

③ 创建一个压缩文件，包含“长沙风景 1.jpg”“长沙风景 2.jpg”“长沙风景 3.jpg”“长沙风景 4.jpg”四个文件，压缩选项选择“创建自解压格式压缩文件”，压缩文件名为“长沙风光.exe”，保存于“文件压缩”文件夹下。

(3) 使用 WinRAR 解压缩文件，具体要求如下：

将“WinRAR 文件夹”下的压缩文件“吃水果的讲究.rar”解压缩，解压缩之后的文件保存在“WinRAR 文件夹”下。

(4) 使用 WinRAR 管理压缩文件，具体要求如下：

① 将“长沙风景 5.jpg”文件添加到“长沙风光.zip”压缩文件中；

② 将“长沙风景 3.jpg”文件从“长沙风光.zip”压缩文件中删除，以原文件名保存。

(5) 分卷压缩，具体要求如下：

① 选择 100 张照片或图片(或者在硬盘上找一个容量大于 100 MB 的文件夹)，按 20 MB 大小进行分卷压缩，命名为“分卷压缩”，放在自己的文件夹下。

② 观察压缩后的文件。

③ 把压缩后的文件复制到“分卷压缩待解压”文件夹下，对文件进行解压缩。

④ 将其中的一个分卷压缩文件删除或移动到其他路径，再执行解压缩操作，观察解压缩过程。

⑤ 压缩文件设置密码为 123456。

实训任务 3　杀毒软件的使用

【实训目的】

(1) 了解杀毒工具软件的基本功能和使用；

(2) 掌握用杀毒软件查杀病毒；

(3) 掌握用杀毒软件预防病毒；

(4) 熟悉杀毒软件工具符的作用。

【实训内容】

利用金山毒霸查杀病毒，进行病毒防御设置、上网监控、网购保护等。

(1) 金山毒霸软件的安装以及启动。

① 金山毒霸的安装。

② 金山毒霸的启动。

(2) 对金山毒霸进行升级查看。

(3) 请使用金山毒霸进行病毒查杀，具体要求如下：

① 使用“电脑杀毒”，对机器进行快速查杀，设置病毒文件处理方式为“删除”，结

束后观察查杀报告。

② 对C盘进行“全盘查杀”，结束后观察查杀报告。

(4) 请使用金山毒霸进行防御设置。

(5) 请使用金山毒霸的工具箱进行“垃圾清理”、U盘保护。

实训任务4　迅雷7的使用

【实训目的】

(1) 了解迅雷7的基本功能，熟悉其工作窗口；

(2) 掌握使用迅雷7搜索、下载资源的方法；

(3) 掌握使用迅雷7搜索、下载BT资源的方法。

【实训内容】

利用迅雷7下载音频文件、视频文件、Flash动画文件，使用BT下载功能下载视频文件。

(1) 迅雷7软件的安装以及启动。

① 安装迅雷7。

② 启动迅雷7。

③ 在磁盘D中新建文件夹，重命名为“姓名—学号”。

(2) 使用迅雷7下载音频文件、视频文件、Flash动画文件。

① 在迅雷7主界面的右上方搜索框输入“青花瓷”，搜索流行歌曲“青花瓷”，选择一个搜索到的资源进行下载，存储到“D:\姓名—学号\”文件夹中。

② 在迅雷7主界面的搜索框搜索电影“变形金刚3”，选择一个搜索到的资源进行下载，存储到“D:\姓名—学号\”文件夹中。

③ 在下载“变形金刚3”的同时进行该视频文件的播放。

④ 进入“闪客帝国”网站，下载一个Flash动画“圣诞快乐”。

(3) 使用BT下载功能下载视频文件。

① 用迅雷搜索BT资源，在迅雷7主界面的搜索框中输入“Flash视频教程”，在打开的Goolge搜索页面中，选择BT复选框，再进行搜索。

② 选择搜索结果中相应的BT资源，进行下载，将下载资源文件名命名为“Flash视频教程”，存储到“D:\姓名—学号\”文件夹中。

③ 分别执行暂停、启动、改变下载顺序等操作并进行观察。

④ 分别查看以上4个下载任务的任务下载信息，下载完成后或实验课结束前将相关信息记录到表7-1中。

表 7-1　下载信息记录表

信息＼任务	下载任务 1：“青花瓷”	下载任务 2：“变形金刚 3”	下载任务 3：“圣诞快乐”	下载任务 4：“Flash 视频教程”
文件名				
文件大小				
存储目录				
下载用时				
平均速度				
URL				

实训任务 5　Adobe Reader 的使用

【实训目的】

(1) 了解 Adobe Reader 的基本功能；
(2) 掌握使用 Adobe Reader 读取 PDF 文档的方法；
(3) 掌握获取 PDF 文档内容的方法。

【实训内容】

下载一个 PDF 文件，并使用 Adobe Reader 进行浏览。
(1) Adobe Reader 软件的安装、启动以及文件夹的创建。
① 安装 Adobe Reader。
② 启动 Adobe Reader。
③ 在磁盘 D 中新建文件夹，重命名为“姓名—学号”。
(2) 下载 PDF 文件，并使用 Adobe Reader 进行浏览。
① 下载一个 PDF 文件。
② 用 Adobe Reader 打开该 PDF 文件。
③ 以目录或缩略图方式浏览该文件。
④ 放大或缩小浏览页面，单击工具栏上的按钮，熟悉其功能。
⑤ 复制文件中的一段文字到 Word 中。
⑥ 再将该段文字以图片的形式复制到 Word 中，命名为“pdf.doc”，存储到“D:\姓名—学号\”文件夹中。
⑦ 比较两种复制结果的不同。

实训任务 6　优酷的使用

【实训目的】

(1) 了解优酷软件的基本功能；
(2) 掌握使用优酷下载视频；
(3) 掌握使用优酷上传视频。

【实训内容】

利用优酷客户端下载影片，上传视频文件。

(1) 优酷客户端软件的安装、启动以及文件夹的创建。

① 安装优酷客户端 V6.5 版。

② 启动优酷客户端。

③ 在磁盘 D 中新建文件夹，重命名为“姓名—学号”。

(2) 下载影片，并使用优酷客户端播放。

① 在优酷主界面的右上方搜索框输入影片名“冰川时代 4 ”，搜索影片。选择一个搜索到的资源进行下载。

② 用优酷客户端播放该影片。

(3) 使用优酷客户端上传视频。

① 在优酷主界面的下方点击【上传】→【添加】。

② 选择视频文件“可口可乐广告”，输入相关信息，点击【上传】。

③ 点击上传后，已登录的用户会直接上传，还未登录的用户会跳转到登录界面提示登录或者注册(提示：该账号与优酷网的账号是相关联着的)。

实训任务 7　酷狗的使用

【实训目的】

(1) 了解酷狗音乐软件的基本功能；
(2) 掌握使用酷狗试听歌曲；
(3) 掌握使用酷狗下载音乐；
(4) 掌握使用酷狗在线观看 MV。

【实训内容】

利用酷狗软件试听和下载音乐，在线观看 MV。

(1) 酷狗音乐软件安装、启动及文件夹的创建。

① 安装酷狗音乐 2015 版。

② 启动酷狗音乐。

③ 在磁盘 D 中新建文件夹，重命名为“姓名—学号”。

(2) 试听和下载歌曲。

① 在酷狗主界面上选择“乐库”频道，试听“排行榜”中的任意歌曲。

② 选择五首自己喜欢的歌曲，下载到 D 盘自己的文件夹中。

(3) 使用酷狗音乐在线观看 MV。

① 在酷狗主界面上选择“MV”频道，选择喜欢的音乐视频并在线观看。

② 切换全屏、清爽等模式观看 MV。